RUHE GOUMAI FANGXINFEI：
FEILIAO TEXING YU KUAISU JIANYAN FANGFA

如何购买放心肥：
肥料特性与快速检验方法

张卫峰　李增源◎主　编
陈　勇　季玥秀　王雁峰◎副主编

中国农业大学出版社
China Agricultural University Press
·北京·

图书在版编目（CIP）数据

如何购买放心肥：肥料特性与快速检验方法 / 张卫峰，李增源主编. --北京：中国农业大学出版社，2023.12

ISBN 978-7-5655-3079-1

Ⅰ.①如… Ⅱ.①张… ②李… Ⅲ.①肥料-基本知识 Ⅳ.①S146

中国国家版本馆CIP数据核字（2023）第192681号

书　　名	如何购买放心肥：肥料特性与快速检验方法		
作　　者	张卫峰　李增源　主编		
策划编辑	梁爱荣	**责任编辑**	梁爱荣
封面设计	李尘工作室		
出版发行	中国农业大学出版社		
社　　址	北京市海淀区圆明园西路 2 号	**邮政编码**	100193
电　　话	发行部 010-62818525，8625		读者服务部 010-62732336
	编辑部 010-62732617，2618		出　版　部 010-62733440
网　　址	http：// www.caupress.cn	**E-mail**	cbsszs@cau.edu.cn
经　　销	新华书店		
印　　刷	涿州市星河印刷有限公司		
版　　次	2023 年 12 月第 1 版　　2023 年 12 月第 1 次印刷		
规　　格	148 mm × 210 mm　　32 开本　　6 印张　　125 千字		
定　　价	42.00 元		

编委会

主　编　张卫峰　李增源

副主编　陈　勇　季玥秀　王雁峰

编写人员（按照作者单位拼音顺序排列）

北京璟泓生物科技有限公司：季玥秀

北京沃土天地生物科技股份有限公司：张陇利

德国康朴专家公司：黄高强

全国农业技术推广服务中心：徐　洋　赵英杰

西藏自治区农业技术推广服务中心：李　芳

新洋丰农业科技股份有限公司：王雁峰

中国农业大学：张卫峰　刘　蕊　黄成东　李增源

徐　贺　丰智松　相淑一　鹿子涵　宋　宇

中国农业科学院农业资源与农业区划研究所：杨相东

孙蓟锋

中盐安徽红四方肥业股份有限公司：陈　勇　束维正

陈　骏　郑兴来　许焱炜　胡婷婷　李慧敏　王　孟
曹胜飞

中盐安徽红四方绿色智能复合肥研究院：苏嘉颖　张雪儿
汤佳玮　侯　蕾　马　丽　衡继璇　丁婕婕　侯建霞
刘晓淑　张如梦　郝祝霞

前言

PREFACE

化肥是粮食的“粮食”。在农业生产中，肥料是提高农作物产量和质量的重要因素之一。然而，市场上存在着许多假冒伪劣的肥料产品，给农民带来了很大的困扰和损失。为了帮助农民正确选择和购买放心肥料，中国农业大学联合行业内有关单位的专家共同策划了《如何购买放心肥：肥料特性与快速检验方法》。

本书的目标是为农民和农业从业人员提供一本全面而实用的指南，使他们能够了解购买肥料的准确流程和技巧，从而避免购买假冒伪劣的肥料，保障农作物的生长和产量。本书涵盖购买放心肥料的基本流程、各类重点产品的选购指南以及常见的制假造假行为案例，为读者选购放心肥料提供科学参考，增加作物产量，提高经济收益，更好地享受党的二十大精神引领下科技发展带来的好处，实现更富裕、更美好的生活，有助于推动全国乡村振兴战略的成功实施。

本书的第1章“掌握购买放心肥的几大流程”由中国农业大学的张卫峰教授和他的学生李增源、徐贺、丰智松、相淑一等共同整理而成。这一章介绍了购买放心肥的基本流程，包括选择合法经销商、检查包装和标识、查看产品质量证书、询问使用方式并进行简单鉴别、索要发票并留取样品备检等关键步骤，为读者购买肥料提供参考。

本书的第2章"'四步法'教你鉴别肥料包装标识"由全国农业技术推广服务中心肥料质量监测处赵英杰及中国农业大学的张卫峰教授和他的学生李增源共同整理而成，本章介绍了鉴别肥料包装标识的四个步骤。通过仔细观察肥料通用名称、查找肥料登记证（备案）号、验证产品执行标准编号和核对生产许可证编号，读者可以准确地判断肥料的真实性和合规性。

本书的第3章至第10章提供了不同类型肥料的选购指南，是本书的核心部分。由于肥料产品标准的更新，该部分的内容撰写过程相对漫长，为确保专业性和权威性，我们邀请了相关领域的专家共同撰写。其中第3章"氮肥产品选购指南"由中国农业科学院农业资源与农业区划研究所的杨相东博士、孙蓟锋博士撰写，包括尿素、农业用氯化铵、硫酸铵、碳酸氢铵、脲铵氮肥、硝酸铵钙和尿素硝酸铵溶液等；第4章"磷肥产品选购指南"及第6章"复合肥料产品选购指南"由新洋丰农业科技股份有限公司的王雁峰博士撰写，包括过磷酸钙、钙镁磷肥、硝酸磷肥、磷酸一铵与增值一铵、磷酸二铵、聚磷酸铵和磷酸脲等磷肥产品及缓释肥料、稳定性肥料、增效类复合肥料、掺混肥料和配方肥等复合肥料产品；第5章"钾肥产品选购指南"由德国康朴专家公司的黄高强博士撰写，包括氯化钾、硫酸钾、磷酸二氢钾、硫酸钾镁肥和农业用硝酸钾等；第7章"水溶肥产品选购指南"由北京璟泓生物科技有限公司的季玥秀总经理撰写，包括大量元素水溶肥料、中量元素水溶肥料、微量元素水溶肥料、含腐植酸水溶肥料、含氨基酸水溶肥料和有机水溶肥料等；第8章"微生物肥料产品选购指南"和第9章"有机肥料产品选购指南”由北京沃土天地生物科技股份有限公司的张陇利博士撰写，包括微生物菌剂、生物有机肥和复合微生物肥料及商品有机肥料和有机无机复混肥料；第 10 章“土壤调理剂产品选购指南”由中盐安徽红四方肥业股份有限公司陈勇董事长和许焱炜共同整理，包括酸性土壤调理剂和碱性土壤调理剂。这些指南将为读者在购买不同类型肥料时提供准确的选择和鉴别依据。需要注意的是，不同产品的标准在格式和表述上会存在差异，为了尊重各产品标准制定者，我们尽可能保留了原标准的内容。

本书第 11 章“常见制假造假行为”由中国农业大学张卫峰教授、刘蕊副教授、黄成东副教授和学生鹿子涵、宋宇以及全国农业技术推广服务中心徐洋副处长共同撰写，介绍了常见的制假造假行为，如假冒商标、臆造新养分、含量标识造假、虚假宣传、养分造假、执行标准与肥料名称不符等。通过揭示这些不法行为，我们希望读者能够提高警惕，避免受到欺诈。

本书编写过程中，一些肥料产品的标准进行了更新或更替，为了给读者准确的标准，我们开展了多次的内容更新和审核修改工作，特别感谢中盐安徽红四方肥业股份有限公司陈勇董事长对该部分修改进行的组织工作，感谢中盐安徽红四方肥业股份有限公司束维正部长、陈骏主任、郑兴来副部长、胡婷婷、李慧敏、王孟、曹胜飞，西藏自治区农业技术推广服务中心李芳站长及中盐安徽红四方绿色智能复合肥研究院学生苏嘉颖等为该部分修改做出的贡献。

由于篇幅的限制，本书无法详尽地涵盖所有与肥料有关的内容。对于一些特定情况或较为复杂的选购问题，我们不可能一一阐述。随着农业技术和市场环境的不断变化，一些新的肥料产品及适用标准也可能发生调整。我们希望读者在阅读本书时能够有所参考，并结合自身实际情况作出明智的决策。

衷心希望本书能为广大读者在肥料选购方面提供有益的帮助，为农业生产做出一份微薄的贡献。

编　者

2023 年 8 月

目 录

CONTENTS

1 掌握购买放心肥的几大流程

购买放心肥料是农业生产的重要环节，关系到作物的产量和质量以及农民的收入和健康。为了帮助消费者正确购买放心肥料，本章总结了购买放心肥料的6个流程，方便消费者参考。

购买肥料时请参考图 1-1 所示流程，科学购买放心肥。

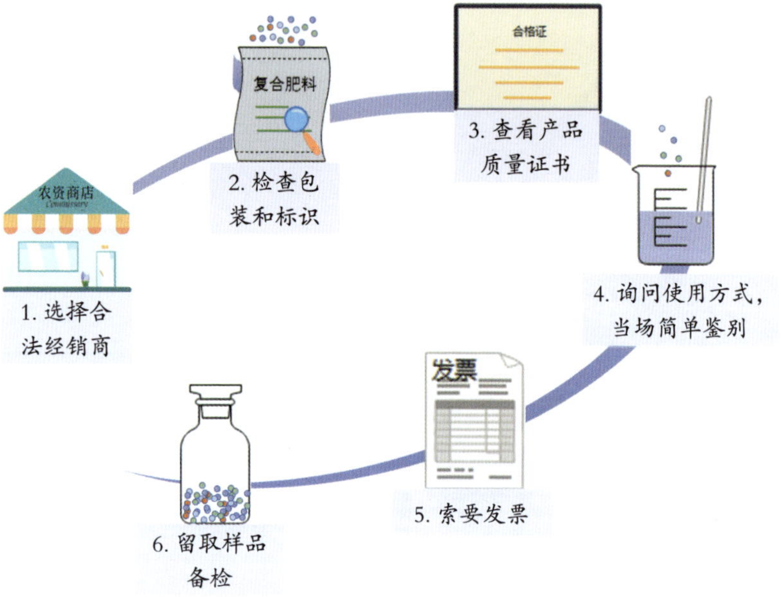

图 1-1 购买肥料流程

1.1 选择合法经销商

不买临时的、地摊的、串户的经销商肥料，购买时还要查看“证”和“照”。一般化肥销售商都会有市场监督管理局正规营业执照，其经营范围包含肥料等农资，没有营业执照的千万不能购买。

选择守信誉、重质量、有诚信、有口碑的经销商，避免上造假窝点和“忽悠团”的当。正规经销商店铺展示如图 1–2 所示。

图 1-2　正规经销商店铺展示

（图片来源：山东阳新县润丰农业科技有限公司农资销售大厅）

1.2 检查包装和标识

肥料包装正面标识主要包括商标名称、产品通用名称、养分含量、肥料规格、生产企业名称与地址、生产许可证编号、登记证（备案）号、执行标准、警示说明等，详细内容见图 1–3。

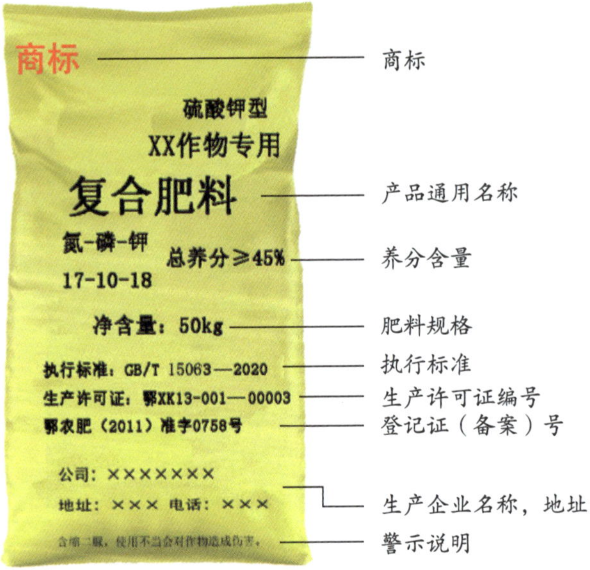

图 1-3　肥料包装正面标识内容

肥料包装背面还可以标识产品特点、注意事项、用法用量、适用范围等其他符合包装标识要求的内容（图 1–4）。

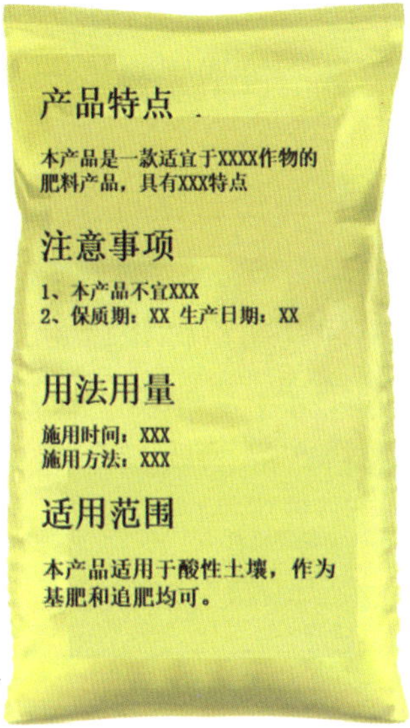

图 1-4　肥料包装反面标识内容

1.3 查看产品质量证书

购买肥料产品一定要选择合规产品，一般应选择市面上口碑较好的大品牌产品。合规肥料产品都有“肥料生产企业产品质量合格证书”，也称为“合格证”（图 1-5）。合格证书是肥料生产企业根据国家相关法规和标准，通过质量检测和审核后的证书，用于证明该肥料产品符合国家规定的质量标准和技术要求。合格证上通常会包含以下信息。

（1）产品名称和型号：标明具体的肥料产品名称和型号。

（2）生产企业信息：包括肥料生产企业的名称、地址、联系方式等。

（3）合格证编号：每份合格证都会有独特的编号，用于跟踪和识别。

（4）生产日期和有效期：标识该合格证的有效期限。

（5）检验项目和结果：列出经过检验的项目和相应的检验结果，证明该肥料产品的质量合格。

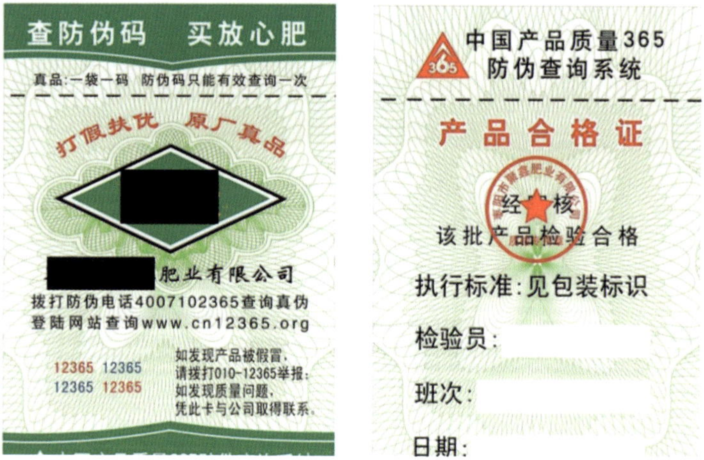

图 1-5　肥料产品合格证

1.4 询问使用方式，当场简单鉴别

对于没用过的产品一定要向经销商索要产品使用说明

和注意事项（尤其是第一次购买新品种时一定要索要，要问清用量和用法）。条件允许的话，最好当场简单鉴别。

1.5 索要发票，放心回家

购买正规肥料应索要购货凭证，买回家以后应保留样品，如果发现假肥料要及时举报。

中国消费者协会：网址为 http://www.cca.org.cn/，电话为 010–63281315。

消费者权益保护网：网址为 http://www.315.gov.cn/，电话为 12315，在任何地方拨通该电话都可进行消费权益的投诉。

1.6 留取样品备检

对于无法准确判定和不放心的肥料产品，买回家以后可以留取少部分肥料用于出现问题后的检验。保留的样品要包好，与原来的袋子放在一处，以保证纠纷时双方公认。

2 “四步法”教你鉴别肥料包装标识

肥料包装标识是用于识别肥料产品类型、质量、数量、特征和使用方法所做的各种表示的统称。虽然肥料产品众多，但包装标识均应符合《肥料标识　内容和要求》（GB 18382—2021）规定的要求，为帮助大家清楚认识肥料包装的标识，在此介绍“四步法”供消费者参考。

2.1 看——肥料通用名称

◆**一看通用名称叫法是否正确。**肥料通用名称指国家标准、行业标准已经规定的肥料名称，如“复合肥料”“尿素”“磷酸二铵”“农用硫酸钾”“有机肥料”“大量元素水溶肥料”等。根据国家标准《肥料标识　内容和要求》(GB 18382—2021)，肥料包装需标明肥料通用名称，若对通用名称存在疑问，可通过“全国农业食品标准公共服务平台”)进行查询。

对于国家标准和行业标准对产品名称没有规定的（此类较少），《肥料标识　内容和要求》规定“应使用不会引起用户、消费者误解和混淆的常用名称”，同时产品名称不允许添加带有不实、夸大性质的词语，如“高效 ×××”“×× 肥王”“全元素 ×× 肥”。表 2-1 为常见肥料通用名称表，可用于识别肥料包装上通用名称是否正确。

表 2-1　常见肥料通用名称

肥料分类	通用名称
氮肥	尿素
	硫酸铵
	氯化铵
	农业用碳酸氢铵
	农业用改性硝酸铵
	尿素硝酸铵溶液
	农业用硝酸铵钙

续表 2-1

肥料分类	通用名称
氮肥	硝酸钙
	脲铵氮肥
	氰氨化钙
磷肥	重过磷酸钙
	过磷酸钙
	磷酸氢钙
	钙镁磷肥
	聚磷酸铵
钾肥	氯化钾
	农业用硫酸钾
二元或复合肥料、有机肥料、水溶肥料、微生物肥料等	磷酸一铵
	磷酸二铵
	硝酸磷肥
	磷酸二氢钾
	钙镁磷钾肥
	复合肥料
	大量元素水溶肥料
	中量元素水溶肥料
	微量元素水溶肥料
	含腐植酸水溶肥料
	含氨基酸水溶肥料
	有机水溶肥料
	生物有机肥
	有机无机复混肥料
	复合微生物肥料

◆二看通用名称字号是否最大。通常情况下，在正面包装中，肥料通用名称应采用最大字号，对商品名称或者

特殊用途的肥料名称，应在通用名称下以小 1 号字体标注。若通用名称很小，且不在包装袋最明显的位置出现，不能一眼识别，则可能存在问题。

◆**三看通用名称与执行标准是否一致。**通用名称应与包装所标注的产品执行标准保持一致（图 2-1）。执行标准可通过“全国农业食品标准公共服务平台”进行查询。若产品执行的是企业标准（标准号以字母 Q 开头），可通过“企业标准信息公共服务平台”查询企业标准的备案信息，若与查询结果不一致或者查询不到，则说明此产品可能存在一定的质量问题。

图 2-1　肥料包装执行标准及“全国农业食品标准公共服务平台”查询到的执行标准

2.2 搜——肥料登记证（备案）号

肥料登记证号相当于肥料的“身份证号”，除《肥料登记管理条例》列出的、农田长期使用的、具有国家或行业标准的、可免予登记的16类肥料（硫酸铵、尿素、硝酸铵、氰氨化钙、磷酸铵、硝酸磷肥、过磷酸钙、氯化钾、硫酸钾、硝酸钾、氯化铵、碳酸氢铵、钙镁磷肥、磷酸二氢钾、单一微量元素肥和高浓度复合肥）外，其他产品包括复混肥料、掺混肥料、有机无机复混肥料、有机肥料、水溶肥料等均需进行登记，即具有登记证号。

2020年以来，农业农村部按照国务院“放管服”改革的要求，对“大量元素水溶肥料、中量元素水溶肥料、微量元素水溶肥料、农业用氯化钾镁、农业用硫酸钾镁、复混肥料、掺混肥料”7类肥料的登记取消许可，改为备案。因此这7类产品的“身份证号”由原来的登记证号变为备案号。其中，大量元素水溶肥料、中量元素水溶肥料、微量元素水溶肥料、农业肥料用氯化钾镁、农业肥料用硫酸钾镁属于部级农业部门肥料备案产品；复混肥料、掺混肥料属于省级农业部门肥料备案产品。其他如含腐植酸水溶肥料、含氨基酸水溶肥料、有机水溶肥料、农林保水剂、土壤调理剂等肥料仍属于部级肥料登记产品。

根据《肥料标识　内容和要求》（GB 18382—2021），肥料包装上应标识肥料登记证（备案）号（图2-2），因此可以通过搜索肥料登记证（备案）号来了解所购肥料是否为“黑户”。可用电脑登录农业农村部种植业管理司官网查询，根据包装上标识的登记（备案）号查询登记（或备案）信息，若查无此号，则说明此产品可能存在质量问题。

> **注：**目前河北省和新疆维吾尔自治区已取消肥料登记制度。2018 年之前有临时登记证和正式登记证。临时登记证有效期一年，可进行两次续展，续展和试销成功后可申请为正式登记证，正式登记证有效期五年。2018 年之后取消临时登记制度，均为正式登记证，有效期五年，可续展。

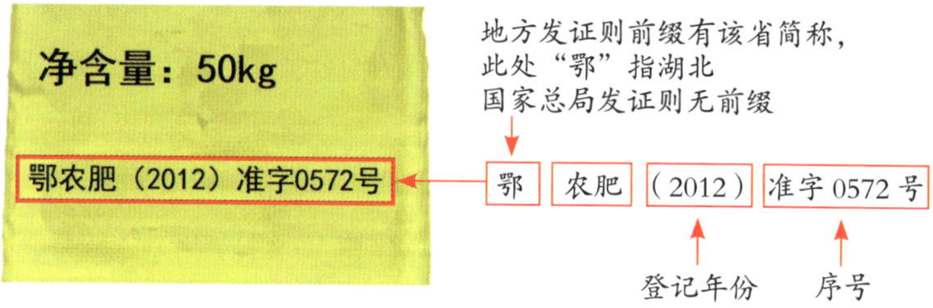

图 2-2　肥料包装上登记证内容说明

查到登记证（备案）号后，根据登记（备案）信息，依次核对包装标识上的生产企业名称、产品通用名称、产品形态、产品养分含量、适宜范围是否与登记（备案）信息一致。

◆**生产企业名称**　若生产企业名称不一致，则可能存在冒（套）用登记证（备案）号的问题，产品可能存在一定的质量问题。

◆**产品通用名称和产品形态**　通用名称和产品形态是企业在进行产品登记（备案）时对消费者作出的重要承诺，因此包装标识内容应与登记信息保持一致（图 2-3）。通用名称可参考表 2-1 内容。

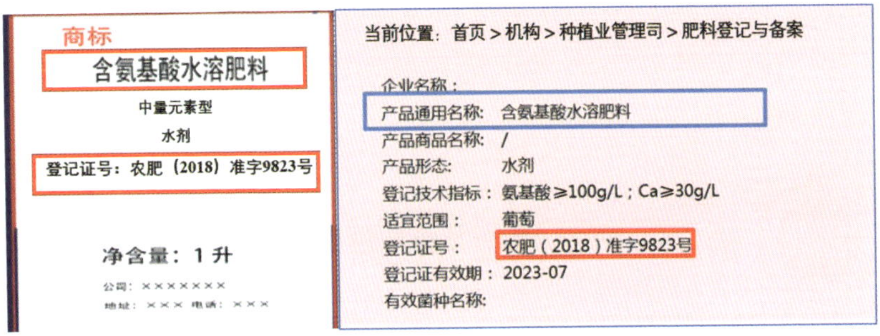

图 2-3　肥料通用名称及登记证号标识

◆**产品养分含量**　产品标识的养分含量应与登记（备案）信息保持一致，若包装标识与登记信息不符，则说明此产品可能存在虚假宣传的问题（图 2-4）。

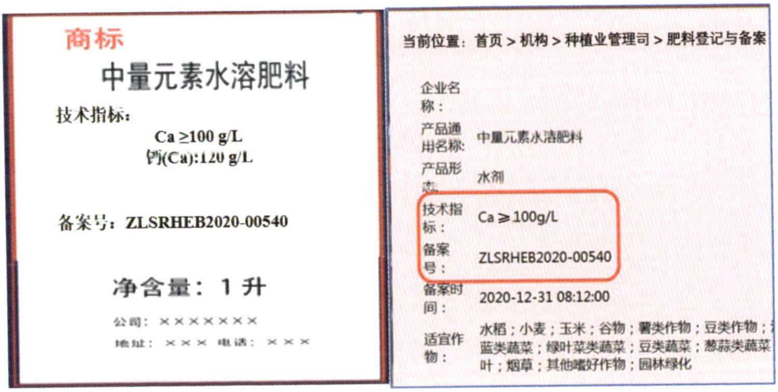

图 2-4　肥料包装标识养分含量指标与登记号（备案号）

◆**适宜范围**　肥料产品在登记或备案的时候，需要填写适宜范围，有些企业为了提高产品销量、夸大产品的用途，往往私自扩大产品的适宜范围，主要表现为肥料包装上标识的适宜作物种类范围大于登记信息。可登录农业农村部种植业管理司官网，根据包装上的登记（备案）号查询登记（备案）信息中关于“适宜范围”的记录，与包装标识进行比对。

2.3 验——产品执行标准编号

肥料产品的执行标准指的是肥料产品符合国家、行业、企业等对产品结构、规格、质量和检验方法所做的技术规定，是一定时期和一定范围内具有约束力的产品技术准则。有些肥料产品可以不标注肥料生产许可证号、肥料产品登记证（备案）号，但所有肥料都必须标注产品执行标准号。

执行标准中的字母“GB”代表强制性国家标准，“GB/T”代表推荐性国家标准，字母“DB”代表地方标准；字母“HG”代表化工行业标准，字母“NY”代表农业行业标准；字母“Q”代表企业标准。

根据包装标识上提供的执行标准，通过“全国农业食品标准公共服务平台”查询标准的具体内容。若产品执行的是企业标准，可通过“企业标准信息公共服务平台”查询企业标准的备案信息（图 2–5）。

若查询不到相关的执行标准，则说明此产品可能存在一定的质量问题。

图 2-5　企业标准位置及查询平台

查询到标准后，重点核对以下几项：

◆**养分含量化学式**　化肥包装袋上经常出现的化学式或字母让人眼花缭乱，这是不法厂家经常做手脚的部分，特别应引起农民朋友的重视。复混肥料应标明 N、P_2O_5、K_2O 总养分的百分含量，总养分标明值应不低于配合式中单养分标明值之和，其他元素不得计入总养分。不法厂商则利用农户对化学式不认识的短板来设置骗人套路，该标的元素标识不全，假的化学式代替真的化学式，编造不存在的化学式，或者不该计入总含量的元素计入总含量中（图 2-6）。以配合式分别标明总氮、五氧化二磷、氯化钾的百分含量，如 25% 的氮磷钾复混肥料 10-5-10，二元肥料应在不含单养分的位置标以“0”，如氮钾复混肥料 15-0-10。即使加入中量元素或微量元素，不得在配合式上标注。

图 2-6　肥料包装上以假的化学式偷换真养分示例

◆**养分含量大小**　产品标识的养分含量不仅要与登记证（备案）信息一致，还应满足执行标准中规定的最低养分含量要求。肥料标识中，养分含量通常标注为“≥最低标明值 %”，即该种养分最低保证含量。执行标准中对产品的最低养分含量进行了规定，如《有机肥料》（NY/T 525—2021）中对总养分含量的要求为“≥ 4.0%”，对有机质含量的要求为“≥ 30%”，因此可对照标准中的相关技术指标判断养分含量是否达标，不同肥料产品要求对应的养分含量最低值不同，部分肥料产品见表 2-2。未全部列出的肥料品种或不同等级产品要求请查阅相应产品标准。

表 2-2　标准规定最低养分含量表

通用名称	主要养分含量标识要求	相关标准
尿素	总氮（N）≥ 46.0%（优等品）、总氮（N）≥ 45.0%（合格品）	《尿素》（GB/T 2440—2017）
硫酸铵	N ≥ 20.5%，S ≥ 24.0%（Ⅰ型）；N ≥ 19.0%，S ≥ 21.0%（Ⅱ型）	《肥料级硫酸铵》（GB/T 535—2020）

续表 2-2

通用名称	主要养分含量标识要求	相关标准
氯化铵	N ≥ 25.4%（优等品）；N ≥ 24.5%（一等品）；N ≥ 23.5%（合格品）	《氯化铵》（GB/T 2946—2018）
农业用碳酸氢铵	N ≥ 17.2%（优等品）；N ≥ 17.1%（一等品）；N ≥ 16.8%（合格品）	《农业用碳酸氢铵》（GB/T 3559—2001）
氰氨化钙	总氮（N）≥ 21.5%，氰氨态氮 ≥ 20.0%，钙（Ca）≥ 40.0%（Ⅰ型）；总氮（N）≥ 19.5%，氰氨态氮 ≥ 18.0%，钙（Ca）≥ 35.0%（Ⅱ型）	《肥料级氰氨化钙》（HG/T 2427—2021）
尿素硝酸溶液	总氮（N）≥ 28.0%；酰胺态氮（N）≥ 14.0%；硝态氮（N）≥ 7.0%；铵态氮（N）≥ 7.0%	《尿素硝酸铵溶液及使用规程》（NY/T 2670—2020）
重过磷酸钙	粉状：总磷（P_2O_5）≥ 44.0%，水溶性磷（P_2O_5）≥ 36.0%，有效磷（P_2O_5）≥ 42.0%（Ⅰ型）；总磷（P_2O_5）≥ 42.0%，水溶性磷（P_2O_5）≥ 34.0%，有效磷（P_2O_5）≥ 40.0%（Ⅱ型）；总磷（P_2O_5）≥ 40.0%，水溶性磷（P_2O_5）≥ 32.0%，有效磷（P_2O_5）≥ 38.0%（Ⅲ型） 粒状：总磷（P_2O_5）≥ 46.0%，水溶性磷（P_2O_5）≥ 38.0%，有效磷（P_2O_5）≥ 44.0%（Ⅰ型）；总磷（P_2O_5）≥ 44.0%，水溶性磷（P_2O_5）≥ 36.0%，有效磷（P_2O_5）≥ 42.0%（Ⅱ型）；总磷（P_2O_5）≥ 42.0%，水溶性磷（P_2O_5）≥ 35.0%，有效磷（P_2O_5）≥ 40.0%（Ⅲ型）	《重过磷酸钙》（GB/T 21634—2020）
过磷酸钙	有效磷（P_2O_5）≥ 18.0%（优等品）；有效磷（P_2O_5）≥ 16.0%（一等品）；有效磷（P_2O_5）≥ 14.0%（合格品Ⅰ）；有效磷（P_2O_5）≥ 12.0%（合格品Ⅱ）	《过磷酸钙》（GB/T 20413—2017）

续表 2–2

通用名称	主要养分含量标识要求	相关标准
钙镁磷肥	粉状或沙状：有效磷（P_2O_5）≥ 18.0%（Ⅰ型）；有效磷（P_2O_5）≥ 15.0%（Ⅱ型）；有效磷（P_2O_5）≥ 12.0%（Ⅲ型） 颗粒状：有效磷（P_2O_5）≥ 17.0%（Ⅰ型）；有效磷（P_2O_5）≥ 14.0%（Ⅱ型）；有效磷（P_2O_5）≥ 11.0%（Ⅲ型）	《钙镁磷肥》（GB/T 20412—2021）
肥料级磷酸氢钙	有效磷（P_2O_5）≥ 25.0%（优等品）；有效磷（P_2O_5）≥ 20.0%（一等品）；有效磷（P_2O_5）≥ 15.0%（合格品）	《肥料级磷酸氢钙》（HG/T 3275—1999）
肥料级氯化钾	氧化钾（K_2O）≥ 62.0%（Ⅰ型）；氧化钾（K_2O）≥ 60.0%（Ⅱ型）；氧化钾（K_2O）≥ 57.0%（Ⅲ型）	《肥料级氯化钾》（GB/T 37918—2019）
磷酸一铵	传统法优等品粒状：总养分（$N+P_2O_5$）≥ 64.0%；总氮（N）≥ 11.0%；有效磷（P_2O_5）≥ 51.0%	《磷酸一铵、磷酸二铵》（GB/T 10205—2009）
磷酸二铵	传统法优等品粒状：总养分（$N+P_2O_5$）≥ 64.0%；总氮（N）≥ 17.0%；有效磷（P_2O_5）≥ 45.0%	《磷酸一铵、磷酸二铵》（GB/T 10205—2009）
硝酸磷肥	总养分（$N+P_2O_5+K_2O$）≥ 40.5%（优等品）；总养分（$N+P_2O_5+K_2O$）≥ 37.0%（一等品）；总养分（$N+P_2O_5+K_2O$）≥ 35.0%（合格品）	《硝酸磷肥、硝酸磷钾肥》（GB/T 10510—2023）
磷酸二氢钾	磷酸二氢钾（KH_2PO_4）≥ 98.0%，水溶性五氧化二磷（P_2O_5）≥ 51.0%，氧化钾≥ 33.8%	《肥料级磷酸二氢钾》（HG/T 2321—2016）
农业用硝酸钾	氧化钾（K_2O）≥ 46.0%，总氮（N）≥ 13.5%（优等品）；氧化钾（K_2O）≥ 44.5%，总氮（N）≥ 13.5%（一等品）；氧化钾（K_2O）≥ 44.0%，总氮（N）≥ 13.0%（合格品）	《农业用硝酸钾》（GB/T 20784—2018）
农业用硝酸铵钙	总氮（N）≥ 15.0%，硝态氮（N）≥ 14.0%，钙（Ca）≥ 18.0%	《农业用硝酸铵钙》（NY/T 2269—2020）

续表 2-2

通用名称	主要养分含量标识要求	相关标准
钙镁磷钾肥	总养分（P_2O_5+K_2O）≥ 15.0%（一等品）；总养分（P_2O_5+ K_2O）≥ 13.0%（合格品）	《钙镁磷钾肥》（HG/T 2598—1994）
复合肥料	总养分（N+P_2O_5+K_2O）≥ 40.0%（高浓度）； 总养分（N+ P_2O_5+K_2O）≥ 30.0%（中浓度）； 总养分（N+P_2O_5+K_2O）≥ 25.0%（低浓度）；	《复合肥料》（GB/T 15063—2020）
大量元素水溶肥料	固体：大量元素（N+P_2O_5+K_2O）≥ 50.0%； 液体：大量元素（N+P_2O_5+K_2O）≥ 400 g/L	《大量元素水溶肥料》（NY/T 1107—2020）
有机肥料	有机质 ≥ 30%，总养分（N+P_2O_5+K_2O）≥ 4.0%	《有机肥料》（NY/T 525—2021）

◆**养分含量标注是否全面**　根据国家标准《肥料标识　内容和要求》（GB 18382—2021），无论何种肥料，凡肥料包装上出现的元素，均应有对应的含量标识。其中最值得注意的是中微量元素的含量标识，无论是单一肥料还是复合肥料，若标识中标明含有某一种或几种中微量元素，则应按中量元素、微量元素两种类型分别标明各单养分含量及各自相应的总含量，且不得将中量元素、微量元素和主要养分相加。《肥料标识　内容和要求》规定，微量元素含量低于 0.02% 或中量元素含量低于 2% 的不得标明，复合肥料已经具有国家标准除外［《复合肥料》（GB/T 15063—2020）规定，复合肥料中微量元素 ≥ 0.02%，有效钙和有效镁 ≥ 1%，总硫 ≥ 2%，低于以上值不得标注］。除了《肥料标识　内容和要求》中对包装标识内容的要求，每个产品标准中对具体的一类产品还有更加详细的要求。如《大量元素水溶肥料》（NY/T 1107—2020）中还规定了对 pH、

钠元素含量、使用说明的特别标识要求。因此，需要依据具体标准的标识项要求进行一一核对。各种产品中必须标明的有效养分含量及有害物质含量见表 2–3。

表 2–3　各类肥料主要成分或指标标识内容

通用名称	主要成分或指标标识
尿素	应标明总氮、缩二脲等含量或限量
硫酸铵	应标明氮、硫、游离酸、氯离子等含量或限量
硫包衣尿素	应标明总氮、硫、缩二脲等含量或限量，以及一天溶出率、七天溶出率等
含腐植酸尿素	应标明总氮、腐植酸、缩二脲等含量或限量，以及氨挥发抑制率等
含海藻酸尿素	应标明总氮、海藻酸、缩二脲等含量或限量，以及氨挥发抑制率等
氯化铵	应标明氮、钠盐、水分等含量或限量及产品等级
农业用碳酸氢铵	应标明氮、水分等含量或限量
尿素硝酸铵溶液	应标明总氮、酰胺态氮、硝态氮、铵态氮、缩二脲等含量或限量
重过磷酸钙	应标明总磷、有效磷、水溶性磷、游离酸等含量或限量
钙镁磷肥	按标明有效磷、有效镁、pH 等含量或限量
肥料级磷酸氢钙	应标明有效磷、pH 等
氯化钾	应标明氧化钾、水分等含量或限量
磷酸一铵	应标明总氮、有效磷、水分等含量或限量
磷酸二铵	应标明总氮、有效磷、水分等含量或限量
硝酸磷肥、硝酸磷钾肥	应标明总氮、有效五氧化二磷、水溶性磷占有效磷百分率、氧化钾、氯离子等含量或限量
磷酸二氢钾	应标明磷酸二氢钾、水溶性磷、氧化钾、氯化物、pH 等含量或限量
农业用硝酸钾	应标明氧化钾、总氮、氯离子、pH 等含量或限量

续表 2-3

通用名称	主要成分或指标标识
农业用硝酸铵钙	应标明总氮、硝态氮、钙、水不溶物、pH 等含量或限量
钙镁磷钾肥	应标明有效磷、氧化钾、水分等含量或限量
复合肥料	应标明总氮、有效五氧化二磷、水溶性磷占有效磷百分率、氧化钾、硝态氮、氯离子等含量或限量
水溶肥料	应标明总氮、磷、钾、中微量元素、水不溶物、pH、重金属等含量或限量
有机肥料	应标明有机质、总氮、有效五氧化二磷、氧化钾、氯离子、水分、pH 等含量或限量

说明：标识氮、磷、钾养分含量时，既可以用汉字表示，也可以配合式形式，即 N–P_2O_5–K_2O（总氮 – 有效五氧化二磷 – 氧化钾）。

◆**养分含量误差允许范围** 养分含量误差允许范围指的是在肥料包装袋上标注的养分含量在满足最低养分含量要求基础上，不同产品的养分含量的允许偏差。并非所有产品都允许存在养分含量允许偏差，这里给出几种肥料产品的允许偏差以供参考（表 2–4）。

表 2–4 几种肥料产品的允许偏差

通用名称	养分含量误差范围	相关标准
复合肥料	总氮、有效磷、氧化钾养分测定值与标明值负偏差的绝对值应不大于 1.5%	《复合肥料》（GB/T 15063—2020）
磷酸一铵、磷酸二铵	总氮和有效磷允许与标明值之间有 1.0% 的绝对负偏差	《磷酸一铵、磷酸二铵》（GB/T 10205—2009）
有机无机复混肥料	单一养分测定值与标明值负偏差的绝对值应不大于 1.5%	《有机无机复混肥料》（GB/T 18877—2020）

续表 2–4

通用名称	养分含量误差范围	相关标准
硝酸磷肥、硝酸磷钾肥	单一养分测定值与标明值负偏差的绝对值应不大于 1.5%	《硝酸磷肥、硝酸磷钾肥》（GB/T 10510—2007）
大量元素水溶肥料	各单一大量元素测定值与标明值负偏差的绝对值应不大于 1.5% 或 15 g/L	《大量元素水溶肥料》（NY/T 1107—2020）

说明：养分误差允许范围通常在肥料产品标准“技术指标”部分规定

2.4 核——生产许可证编号

肥料产品的生产许可证编号指的是肥料生产企业具备安全生产资质，在工业管理部门检查后通过要求，由国家依法授予允许生产的凭证。

当前肥料产品的生产许可证编号均为 XK13 开头，XK 为“许可”首字母，可在 http://www.qszt.net/ 查询。分国家总局发放和地方省份发放，若为地方省份发证，则前缀有该省简称，国家总局发证则无前缀。此外，目前的肥料产品生产许可证号仅两类，001 代表复混（合）肥产品，002 代表磷肥产品，其他肥料目前不标注生产许可证号。00035 指的是企业代号，不同的肥料企业有不同的编号，其具体内容和说明见图 2–7。

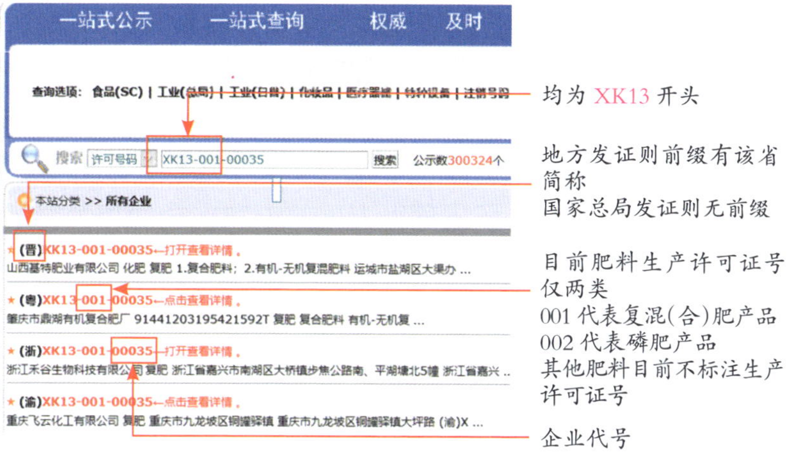

图 2-7　生产许可证编号注释

2.5 检查其他内容

◆**肥料商标、规格、等级和净含量**　检查肥料外包装是否按照《肥料标识　内容和要求》和执行标准的规定，标明相应的规格、等级、类别和净含量。若仅标明养分含量则视为产品质量全项技术指标符合养分含量所对应的产品等级要求。

◆**生产者或经销者名称、地址**　检查肥料外包装是否标明经依法登记注册并能承担产品质量责任的生产者或经销者名称、地址，并核对其是否与登记证（备案）信息一致。

◆**其他添加物** 若包装显示产品中有加入其他添加物，则需要检查是否分别标明各添加物的含量及总含量，主要养分含量是不是加了添加物的含量。

◆**警示说明** 检查标识中是否有关于运输、贮存、使用不当易造成财产损坏或危害人体健康和安全的相关警示语。常见警示语有以下两种：①有“含氯（高氯）”标识的产品应在包装容器上标明产品的适用农作物品种和“使用不当会对农作物造成伤害”的警示语；②含有尿素态氮的产品应在包装容器上标明以下警示语：“含缩二脲，使用不当会对农作物造成伤害”。

◆**生产日期或批号** 生产日期或批号一般标注在产品合格证、质量证明书中，需要打开产品包装找到证书进行核对；若直接标注在产品外包装上，一般见产品包装袋侧面。联系方式非硬性要求，现在正规厂家大都会标注联系方式。

◆**其他** 法律法规和规章另有要求或者无要求而生产企业认为必要的，符合国家法律法规要求的其他标识。如产品特点、注意事项、用法用量、适用范围等。

3 氮肥产品选购指南

氮肥，是指以氮（N）为主要成分，具有N标明量，施于土壤可提供植物氮素营养的单元肥料。氮肥是世界化肥生产和使用量最大的肥料品种，20世纪70年代以来，尿素成为主导的氮肥产品。过去大家常用的尿素都是无色的，随着产业发展，当前出现了多种颜色的氮肥。下面仅列举几种产品以帮助大家选购。

3.1 尿素

◆**定义** 尿素化学式是 CH_4N_2O 或 $CO(NH_2)_2$，又称脲、碳酰胺，是由碳、氮、氧、氢组成的有机化合物，是一种高浓度氮肥，可用于生产多种复合肥料。

◆**物理化学特征** 颗粒或结晶状，无机械杂质。易溶于水，在 20 ℃时 100 mL 水中可溶解 105 g，水溶液呈中性。在酸、碱、酶作用下（酸、碱需加热）能水解生成氨和二氧化碳。对热不稳定，加热至 150～160 ℃将脱氨成缩二脲。

◆**适用作物及用法** 适用于大多数作物，可用作基肥和追肥，旱田、水田均能施用。尿素在土壤中转化可积累大量的铵离子，会导致土壤 pH 升高 2～3 个单位，再加上尿素本身含有一定数量的缩二脲，会对作物幼根和幼芽起抑制作用，因此尿素不宜用作种肥。

◆**产品特点** 普通尿素颜色为白色。外观圆润、色泽剔透。易溶于水，溶解度随温度升高而增加。主要作用为促进作物生长发育，作为叶面肥施用，能为作物补充养分的同时杀灭害虫。但需注意的是，尿素易溶于水，在雨前对作物施用尿素会造成肥效流失。作物生长后期过量追肥会使作物生长过旺，如玉米、小麦之类的，会造成倒伏；而白菜、卷心菜之类的，会造成包心推迟等。和碱性肥料混合施用会使尿素分解，产生大量的氨气，造成氮元素的流失。

标准规定技术指标见表 3–1，包装标识及说明见图 3–1。

表 3–1　尿素肥料产品技术指标　　%

项目[a]			等级	
			优等品	合格品
总氮（N）的质量分数		≥	46.0	45.0
缩二脲的质量分数		≤	0.9	1.5
水分[b]		≤	0.5	1.0
亚甲基二脲（以 HCHO 计）[c] 的质量分数		≤	0.6	0.6
粒度[d]	0.85 ～ 2.80 mm	≥	93	90
	1.18 ～ 3.35 mm	≥		
	2.00 ～ 4.75 mm	≥		
	4.00 ～ 8.00 mm	≥		

[a] 含有尚无国家或行业标准的添加物的产品应进行陆生植物生长试验，方法见《水溶性肥料》（HG/T 4365—2012）的附录 A 和 附录 B。

[b] 水分以生产企业出厂检验数据为准。

[c] 若尿素生产工艺中不加甲醛，不测亚甲基二脲。

[d] 只需符合四档中任意一档即可，包装标识中应标明粒径范围。农业用（肥料）尿素若用作掺混肥料（BB）生产原料，可根据供需协议选择标注平均主导粒径（SGN）和均匀度指数（UI）。

来源：《尿素》（GB/T 2440—2017）

◆简单识别方法

一看：真尿素是一种半透明且大小一致的白色颗粒。若颗粒表面颜色过于发亮或发暗，或呈现明显反光，则可能混有杂质。

二查：查包装的生产批号和封口。真尿素一般包装袋上的生产批号清楚，且正反面都采用叠边的机器封口；假尿素包装上的生产批号不清楚或没有，而且大都采用单线

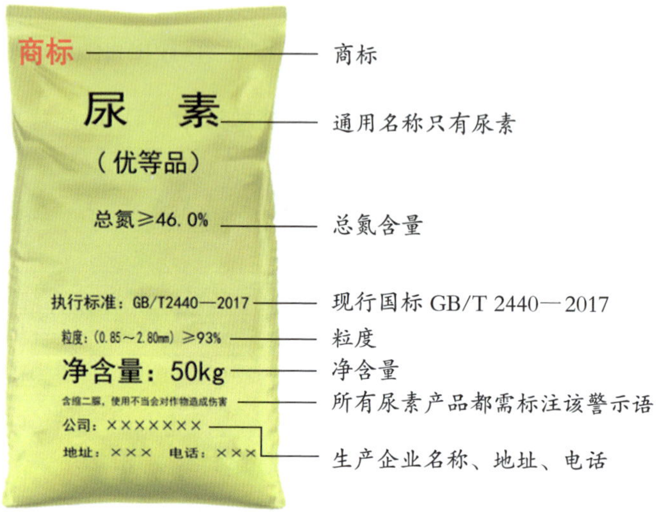

图 3-1　尿素肥料产品包装标识及说明

手工封口。

三称：正规厂家生产的尿素与标准重量相差在 1% 以内；而以假充真的尿素则与标准重量相差很大。

四摸：真尿素颗粒大小一致，不易结块，手感较好，而假尿素手摸时有灼烧感和刺感。

五烧：纯真尿素放在火红的木炭上迅速熔化，冒白烟，有氨味。在木炭上出现剧烈燃烧，发强光，且带有“嗤嗤声”，若熔化不尽，则其中必混有杂质。

六闻：正规厂家的尿素正常情况下无挥发性气味，只在受潮或受高温后才能产生氨味；若正常情况下氨味较强，则尿素中含有杂质。

3.1.1 硫包衣尿素

◆定义　由硫黄包裹颗粒尿素制成的一种包衣缓释肥料［《硫包衣尿素》（GB/T 29401—2020）］。

◆物理化学特征　颜色为黄色。外观圆润、色泽剔透、颗粒状、无机械杂质，粒径为 2.00 ～ 4.75 mm 或 3.35 ～ 5.60 mm（图 3–2）。因具有包衣不易溶于水，肥料呈中性。硫包衣尿素是使用单质硫作为包裹材料，在大颗粒尿素表面进行喷浆包裹，并使用微晶蜡作为密封剂制成的包裹式型缓释肥料。此外，硫是植物必需的中量矿质养分，硫黄包裹材料可以在土壤微生物的作用下逐渐氧化成硫酸根离子，对补充土壤硫或者为喜硫植物提供硫元素都具有很好的作用。硫包衣尿素含硫量 8% ～ 20%，具有明显的硫黄涂层，具有硫黄气味，颗粒硬、脆，吸湿性小。

图 3-2　硫包衣尿素颗粒

◆适用作物及用法　硫黄及封闭剂能够阻碍水分对尿素的溶解作用，延缓尿素的肥效期，肥效期一般可以达 1 个月，是一种典型的缓释肥料。可以满足生长期短的蔬菜、玉米等作物一次性施肥的要求。

◆**产品特点** 对于喜硫作物（如烟草、薯芋类、果类、甜菜、茶、十字花科、葱、蒜类）具有很好的肥效。

技术指标见表 3-2 和表 3-3，包装标识见图 3-3。

表 3-2 硫包衣尿素产品标准的技术指标 %

项目		指标			
		Ⅰ型	Ⅱ型	Ⅲ型	Ⅳ型
总氮（N）	≥	40.0	37.0	34.0	31.0
一天氮溶出率	≤	40	30	15	10
七天氮溶出率	≤	60	45	30	20
硫（以 S 计）	≥	8.0	10.0	15.0	20.0
缩二脲的质量分数	≤	1.2			
水分	≤	1.0			
粒度（2.00 ～ 4.75 mm 或 3.35 ～ 5.60 mm）	≥	90			

来源：《硫包衣尿素》（GB/T 29401—2020）

表 3-3 硫包衣缓释氮肥、硫包衣缓释复合肥料、含有部分硫包衣尿素的缓释掺混肥料的技术指标 %

项目		指标
缓释氮养分含量[a]	≥	标明值
中量元素单一养分含量（以单质计）[b]	≥	2.0
微量元素单一养分含量（以单质计）[c]	≥	0.02

[a] 肥料为单一氮组分时，其缓释氮养分含量应不小于 8.0%；养分为两种或两种以上时，其缓释氮养分含量应不小于 4.0%。

[b] 包装容器标明含有钙、镁、硫时检测该项指标。

[c] 包装容器标明含有铜、铁、锰、锌、硼、钼时检测该项指标。

来源：《硫包衣尿素》（GB/T 29401—2020）

◆**简单识别方法**

一看：硫包衣尿素具有明显的硫黄包裹层，用刀切开，

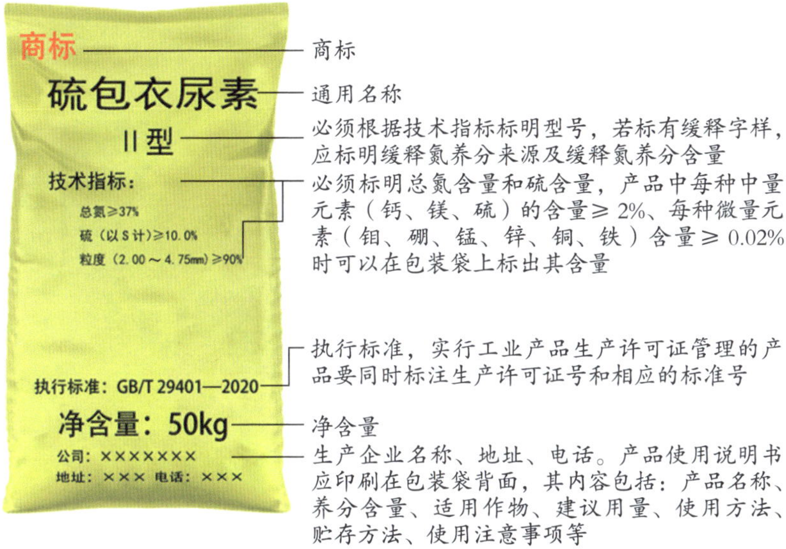

图 3-3　硫包衣尿素肥料产品包装标识及说明

肉眼可见，厚度 0.1 ～ 0.5 mm，手揉不褪色不掉渣；假冒产品通过喷上黄色或滚上硫黄并抹上油，做成与正品相同或相似的颜色，手揉掉渣褪色，油沾手，放在水里脱色严重，有油花。

二浸：将硫包衣尿素放在盛满热水的玻璃杯里，轻轻搅拌几分钟，若是假冒产品会变小，正品则不会。

三烧：用火烧硫包衣尿素，会闻到一种明显的硫黄气味。

3.1.2　含腐植酸尿素

◆**定义**　将以腐植酸为主要原料制备的腐植酸增效液添加到尿素生产过程中，通过尿素造粒工艺制成的一类尿素产品［《含腐植酸尿素》（HG/T 5045—2016）］。

◆**物理化学特征**　含腐植酸尿素通体黑色或黑褐色

（图 3–4），具有与尿素相同的其他理化特征，颗粒状，易溶于水，吸湿性强。

图 3-4　含腐植酸尿素颗粒

◆**产品特点**　腐植酸可以促进作物根系生长，抑制脲酶活性，延长肥效。

技术指标见表 3–4，包装标识见图 3–5。

表 3–4　含腐植酸尿素产品标准的技术指标　　%

项目			要求
总氮（N）的质量分数		≥	45.0
腐植酸的质量分数		≥	0.12
氨挥发抑制率		≥	5
缩二脲的质量分数		≤	1.5
水分[a]		≤	1.0
亚甲基二脲[b]（以 HCHO 计）的质量分数		≤	0.6
粒度[c]	0.85 ～ 2.80 mm	≥	90
	1.18 ～ 3.35 mm	≥	
	2.00 ～ 4.75 mm	≥	
	4.00 ～ 8.00 mm	≥	
[a] 水分以生产企业出厂检验数据为准。 [b] 若尿素生产工艺中不加甲醛，可不做亚甲基二脲含量的测定。 [c] 只需符合 4 档中的任一档即可，包装标识中应标明粒径范围。			

来源：《含腐植酸尿素》（HG/T 5045—2016）

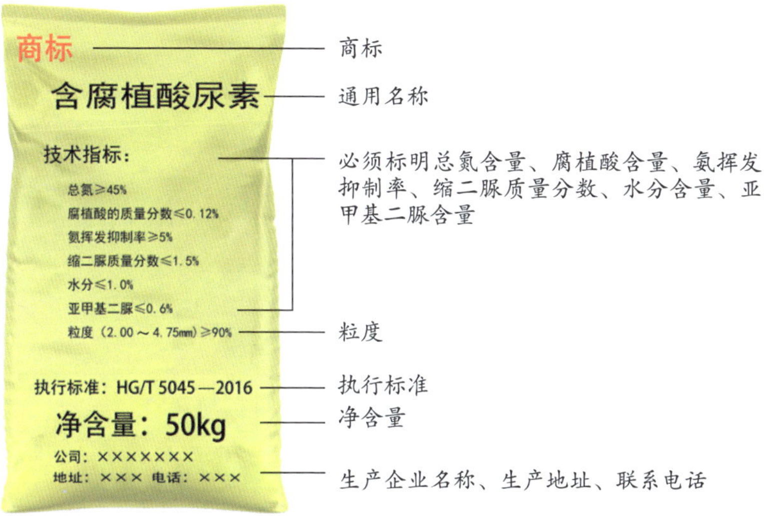

图 3-5　含腐植酸尿素肥料产品包装标识及说明

◆简单识别方法

（1）含腐植酸尿素可迅速溶解于水中，无不溶物，溶液呈黑色。

（2）将肥料颗粒碾碎，内外是均匀一致的黑褐色。

3.1.3　含海藻酸尿素

◆定义　将以海藻为主要原料制备的海藻酸增效液添加到尿素生产过程中，通过尿素造粒工艺制成的肥料［《含海藻酸尿素》（HG/T 5049—2016）］。

◆物理化学特征　含海藻酸尿素通体淡黄色或绿色（图 3-6），具有与尿素相同的其他理化特征。颗粒状，易溶于水，中性，吸水性强，气味含有淡淡的海腥味。

◆产品特点　海藻酸尿素含有海藻活性成分，可以促进植物生长。

图 3-6　含海藻酸尿素肥料颗粒

技术指标见表 3-5，包装标识见图 3-7。

表 3-5　含海藻酸尿素产品标准的技术指标　　%

项目			要求
总氮（N）的质量分数		≥	45.0
海藻酸的质量分数		≥	0.03
氨挥发抑制率		≥	5
缩二脲的质量分数		≤	1.5
水分[a]		≤	1.0
亚甲基二脲[b]（以 HCHO 计）的质量分数		≤	0.6
粒度[c]	0.85 ～ 2.80 mm	≥	90
	1.18 ～ 3.35 mm	≥	
	2.00 ～ 4.75 mm	≥	
	4.00 ～ 8.00 mm	≥	
[a] 水分以生产企业出厂检验数据为准； [b] 若尿素生产工艺中不加甲醛，可不做亚甲基二脲含量的测定； [c] 只需符合 4 档中的任一档即可，包装标识中应标明粒径范围。			

来源：《含海藻酸尿素》（HG/T 5049—2016）

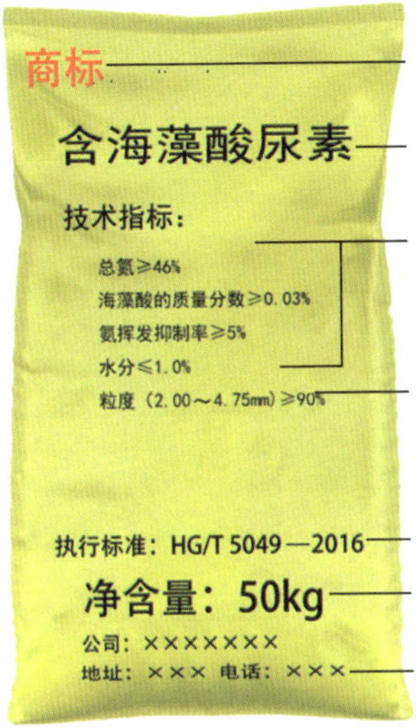

图 3-7　含海藻酸尿素肥料产品包装标识及说明

◆简单识别方法

（1）含海藻酸尿素可迅速溶解于水中，无不溶物，溶液呈浅黄色或绿色。

（2）将肥料颗粒碾碎，内外是均匀一致的浅黄色或绿色。

（3）具有海腥味。

3.1.4　含多肽尿素

◆定义　含多肽尿素是在普通尿素生产过程中加入聚天冬氨酸而制成的［《含多肽尿素》（DB22/T 2658—2017）］。

◆物理化学特征　肥料颗粒颜色为淡黄色，半透明，易溶于水，吸湿性强，无味（图 3-8）。

◆产品特点　含多肽尿素含有聚天冬氨酸，可以促进植物生长。

图 3-8　含多肽尿素产品颗粒

技术指标见表 3-6，包装标识见图 3-9。

表 3-6　含多肽尿素产品标准技术指标　　%

项目		指标		
		优等品	一等品	合格品
氮（N）的质量分数	≥	46.4	46.2	46.0
缩二脲的质量分数	≤	0.9	1.0	1.5
水分的质量分数	≤	0.4	0.5	1.0
亚甲基二脲（以 HCHO 计）的质量分数	≤	0.6	0.6	0.6
粒度（0.85 ～ 2.88 mm；1.18 ～ 3.35 mm；2.00 ～ 4.75 mm；4.00 ～ 8.00 mm）	≥	93	90	90
聚天冬氨酸的含量	≥	0.060		

来源：《含多肽尿素》（DB 22/T　2658—2017）

含多肽尿素的生产标准主要是参考尿素标准，也有很多厂家标的是企业标准，国家标准还未制定，仅吉林省制定了地方标准（DB 22/T 2658—2017）。因此，对于市面上常见的多肽尿素一定要仔细辨别。

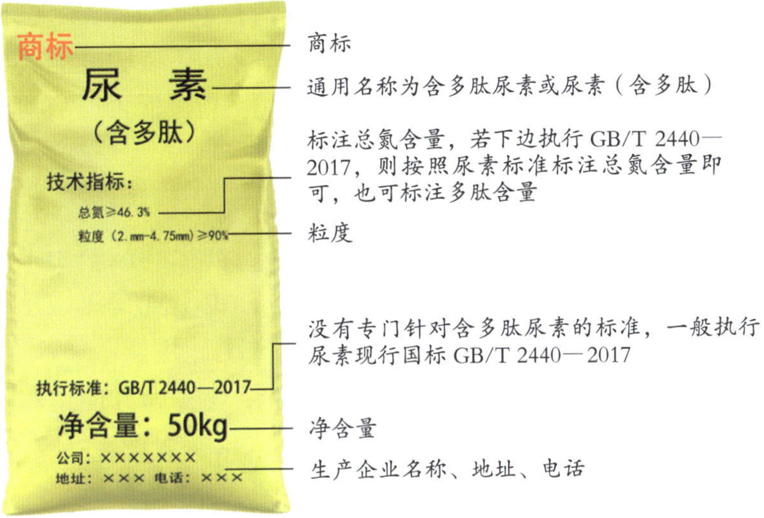

图 3-9　含多肽尿素肥料产品包装标识及说明

◆简单识别方法

（1）含多肽尿素可迅速溶解于水中，无不溶物，溶液呈黄色。

（2）含多肽尿素为均匀淡黄色颗粒，里外均匀一致，没有明显气味。

3.2 农业用氯化铵

◆定义　化学式为 NH_4Cl。含氮 24% ～ 26%，有粉状和粒状两种剂型，属生理酸性肥料。

◆**物理化学特征** 白色晶体或颗粒状粉末，无气味。味咸凉而微苦。在潮湿的阴雨天气易能吸潮结块。能升华但无熔点。相对密度 1.5274。折光率 1.642。低毒，有刺激性。加热至 350 ℃升华，沸点 520 ℃。

◆**适用作物及用法** 适用于水稻、小麦、棉花、麻类、蔬菜等作物。但因含氯较多而不宜在酸性土和盐碱土上施用，不宜用作种肥、秧田肥或叶面肥，也不宜在氯敏感作物（如烟草、马铃薯、柑橘、茶树等）上施用。

◆**产品特点** 氯化铵易吸潮、易结块，为方便运输和使用，需要进行干燥处理。

技术指标见表 3-7，包装标识见图 3-10。

表 3-7 农业用氯化铵肥料产品标准技术指标 %

项目		优等品	一等品	合格品
氮（N）的质量分数（以干基计）	≥	25.4	24.5	23.5
水的质量分数 [a]	≤	0.5	1.0	8.5
钠盐的质量分数 [b]（以 Na 计）	≤	0.8	1.2	1.6
粒度 [c]（2.00 ～ 4.75 mm）	≥	90	80	—
颗粒平均抗压碎力 [c]/N	≥	10	10	—
砷及其化合物的质量分数（以 As 计）	≤	0.0050		
镉及其化合物的质量分数（以 Cd 计）	≤	0.0010		
铅及其化合物的质量分数（以 Pb 计）	≤	0.0200		
铬及其化合物的质量分数（以 Cr 计）	≤	0.0500		
汞及其化合物的质量分数（以 Hg 计）	≤	0.0005		

[a] 水的质量分数仅在生产企业检验和生产领域质量抽查检验时进行判定。
[b] 钠盐的质量分数以干基计。
[c] 结晶状产品无粒度和颗粒平均抗压碎力要求。

来源：《氯化铵》（GB/T 2946—2018）

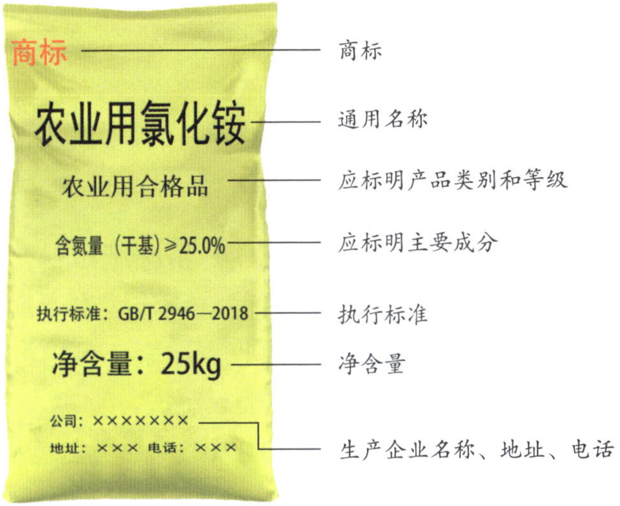

图 3-10　农业用氯化铵肥料产品包装标识及说明

◆简单识别方法

（1）氯化铵外观是一种白色结晶或颗粒状产品，假氯化铵呈杂色。

（2）加入氢氧化钠固体加热，生成有刺激性气味的气体，能使湿润紫色石蕊试纸变蓝，证明是 NH_4^+；然后溶于水加入硝酸银溶液，生成白色不溶于硝酸的沉淀，说明有 Cl^-，证明该物质是氯化铵。

（3）火焰法，用灼烧过的铜丝蘸取少量固体，在煤气灯或酒精灯上灼烧，绿色火焰的是氯化铵，黄色火焰的是氢氧化钠，蓝色火焰的是硫酸铵。

将少量氯化铵放在火上加热，可闻到强烈的刺激性气味，并伴有白色烟雾，迅速熔化并全部消失，在熔化的过程中可见到未熔部分呈黄色。

3.3 硫酸铵

◆**定义** 化学式为（$(NH_4)_2SO_4$），俗称肥田粉，是我国生产和使用最早的氮肥品种。目前，硫酸铵生产由合成氨与硫酸中和制成，或炼焦、氨回收、尿素、己内酰胺和丙烯腈副产、氨法脱硫和其他脱硫法等制成。

◆**物理化学特征** 含氮约20.0%，外观呈白色晶体（图3-11），含少量杂质时呈微黄色。

图 3-11 硫酸铵肥料产品展示

◆**适用作物及用法** 适用于一般土壤和作物，可作基肥、追肥和种肥。

◆**产品特点** 肥料溶液呈酸性（pH 4 ～ 6），生理酸性肥料（易导致土壤酸化），在碱性土壤上效果更佳。溶解性好（水不溶物低于2.0%），可用于滴灌和土施等各种方式；属于铵态氮肥，土施时必须深施覆土以减少氨挥发；连年大量施用，硫酸根会与土壤中钙形成不溶性硫酸钙，导致土壤板结，与尿素配合施用效果更佳。

技术指标见表 3-8，包装标识见图 3-12。

表 3-8　肥料级硫酸铵产品标准技术指标　　%

项目		指标	
		Ⅰ型	Ⅱ型
氮（N）的质量分数	⩾	20.5	19.0
硫（S）的质量分数	⩽	24.0	21.0
游离酸（H_2SO_4）的质量分数	⩽	0.05	0.20
水分（H_2O）的质量分数	⩽	0.5	2.0
水不溶物的质量分数	⩽	0.5	2.0
氯离子（Cl^-）的质量分数	⩽	1.0	2.0

来源：《肥料级硫酸铵》（GB/T 535—2020）

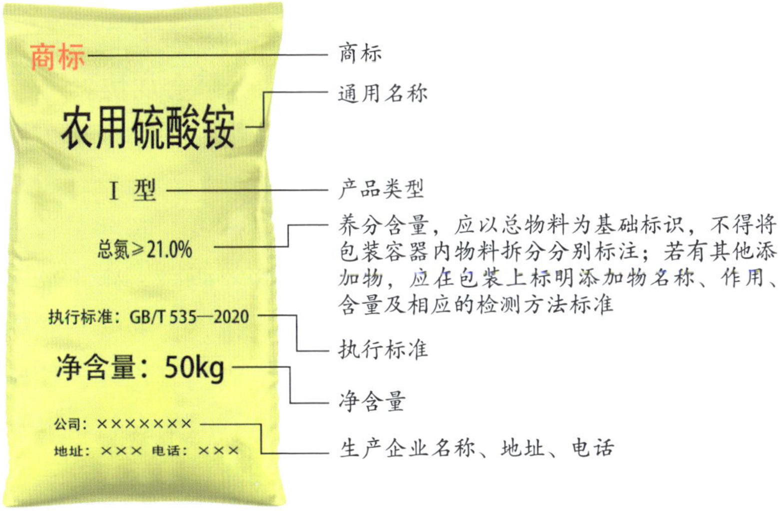

图 3-12　农用硫酸铵肥料产品包装标识及说明

◆**简单识别方法**　硫酸铵易吸潮，在湿润空气中易结块，溶于水后立即溶解，允许有 2% 左右的水不溶物；与碱作用放出氨气；当硫酸铵在火上加热时，可见到缓慢熔化的同时伴有氨味逸出。

3.4 碳酸氢铵

◆**定义** 碳酸氢铵是一种白色化合物，化学式为 NH_4HCO_3，呈粒状、板状或柱状结晶，有氨臭。

◆**物理化学特征** 白色斜方晶系或单斜晶系结晶体（图 3-13）。无毒，有氨臭。能溶于水，水溶液呈碱性，不溶于乙醇；性质不稳定，36 ℃以上分解为二氧化碳、氨和水，60 ℃可分解完。有吸湿性，潮解后分解会加快。

◆**适用作物及用法** 适用于各种作物和各类土壤，既可作基肥，又可作追肥。

图 3-13 碳酸氢铵肥料

◆**产品特点** 碳酸氢铵是一种碳酸盐，所以一定不能和酸一起放置，因为酸会与碳酸氢铵反应生成二氧化碳，使碳酸氢铵变质。但是农村也有利用碳酸氢铵能和酸反应这一性质，将碳酸氢铵放在蔬菜大棚内高处，将大棚密封，加入稀盐酸，这时碳酸氢铵会与盐酸反应，生成氯化铵、水和二氧化碳。二氧化碳可促进植物光合作用，增加蔬菜产量，而生成的氯化铵也可再次作为肥料使用。碳酸氢铵的化学式中有铵根离子，是一种铵盐，而铵盐不可以和碱共放一处，所以碳酸氢铵切忌和氢氧化钠或氢氧化钙放在一起。

技术指标见表 3-9，包装标识见图 3-14。

表 3-9 农业用碳酸氢铵产品标准技术指标 %

项目	碳酸氢铵			干碳酸氢铵
	优等品	一等品	合格品	
氮（N）的质量分数 ≥	17.2	17.1	16.8	17.5
水分（H_2O）的质量分数 ≤	3.0	3.5	5.0	0.5
注：优等品和一等品必须含添加剂。				

来源：《农业用碳酸氢铵》（GB/T 3559—2001）

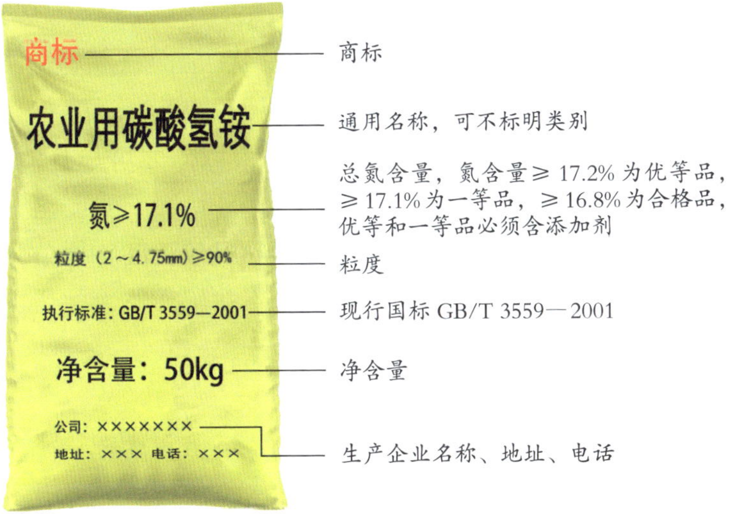

图 3-14 农业用碳酸氢铵肥料产品包装标识及说明

◆**简单识别方法** 外观为白色或微灰色结晶，有氨味。吸湿性强，易溶于水，用手指拿少量样品进行摩擦，即可闻到较强的氨味。把氯化铵样品直接放在烧红的铁板上，不熔化，直接分解，产生大量白烟，有强烈的氨味。

3.5 脲铵氮肥

◆**定义** 含有尿素态氮、铵态氮两种形态氮元素的固体单一肥料，是尿素、氯化铵、硫酸铵等几种氮肥混合加工生产的一种新型氮肥品种，具有尿素态氮和铵态氮的双重特性，氮质量分数≥ 26.0%。

◆**物理化学特征** 粒状、条状或片状产品，无机械杂质。

◆**适用作物及用法** 可应用于小麦、玉米、棉花、油菜、水稻等多种作物，因仅含氮肥，根据需要可与其他磷、钾肥等配合施用。

不适合叶面喷施、膜下施用或者拌种等，防止烧苗；避免与碱性肥料混配，如不宜与石灰、石灰氮、草木灰、钙镁磷肥等强碱性肥料混合施用；对氯敏感作物可选择硫基产品。

◆**产品特点**

（1）脲铵氮肥可减少氨的挥发损失。尿素施入土壤后，在脲酶的作用下转化为铵氮形态。在中性或碱性土壤中，铵态氮会分解释放出易挥发的氨气。硫酸铵、氯化铵是典型的生理酸性肥料。脲铵氮肥施入土壤，铵态氮肥被根系吸收后，降低了土壤 pH，可有效减少氨的挥发。另外，生理酸性肥料形成的酸性土壤环境以及氯离子、硫酸根离子的存在，降低了土壤脲酶活性，减缓尿素分子矿化成铵态氮的速度。

（2）脲铵氮肥可减少硝态氮淋失和反硝化损失。硝态氮是以阴离子的形态存在于土壤中，而阴离子不易被土壤胶体吸附，很容易随水流失（包括地表径流和地下径流）。硝态氮还可以被反硝化细菌转化成氮气和氮氧化物。脲铵氮肥能减缓或抵制“尿素分子→铵态氮→硝态氮”的转化过程，可降低硝态氮的淋失和反硝化损失。

氯离子可有效地抑制铵态氮的硝化作用，减少氮的损失。脲铵氮肥能保持土壤中较高的 NH_4^+：NO_3^- 比例，能满足喜铵作物的需要。

（3）脲铵氮肥可提高中微量元素的有效性。平衡施肥是测土配方施肥的理论依据之一。注重氮、磷、钾大量元素的同时，补充中微量元素是平衡施肥、提高肥效的重要措施。但是，中微量元素多以金属离子为有效形态，这些金属离子易与磷酸根结合形成不溶或难溶性的化合物，降低肥效。将中微量元素肥料与氮肥一起造粒制成商品肥料，可以有效地降低与磷酸根结合固化的比例，提高中微量元素的有效性。

技术指标见表 3–10，包装标识见图 3–15。

表 3–10　脲铵氮肥产品标准技术指标　　%

项目		指标
总氮（N）的质量分数	≥	26.0
尿素态氮的质量分数 [a]	≥	10.0
铵态氮的质量分数	≥	4.0
水分（H_2O）质量分数 [b]	≤	2.0

续表 3-10

项目			指标
粒度（1.00 ~ 4.75 mm 或 3.35 ~ 5.60 mm）[c]		≥	90
缩二脲的质量分数			1.5
中、微量元素的质量分数[d]（以单质计）	标识微量元素（单一元素）	≥	0.02
	标识中量元素（单一元素）	≥	2.0
氯离子的质量分数[e]	未标“含氯”的产品	≤	3.0
	标识“含氯（低氯）”的产品	≤	15.0
	标识“含氯（中氯）”的产品	≤	30.0

[a] 尿素态氮、铵态氮的测定值与标明值负偏差的绝对值不应大于 1.5%。
[b] 水分以出厂检验数据为准。
[c] 特殊形状或更大颗粒（粉状除外）产品的粒度可由供需双方协议确定。
[d] 包装容器标明含有钙、镁、铁、锰、锌、硼、钼时检测本项目 。
[e] 氯离子的质量分数大于 30. 0% 的产品，应在包装袋上标明“含氯（高氯）”，标识“含氯（高氯）”的产品氯离子的质量分数不做检验和判定。

来源：《脲铵氮肥》（HG/T 4214—2011）

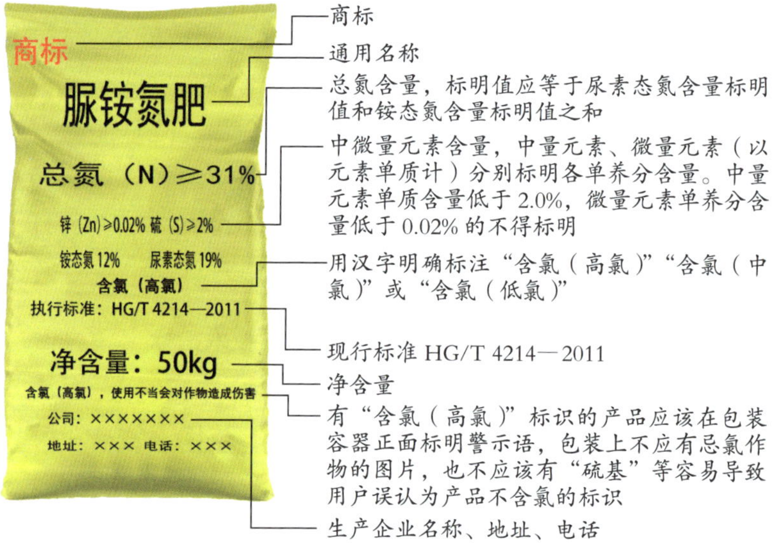

图 3-15　脲铵氮肥产品包装标识及说明

3.6 硝酸铵钙

◆定义　由硝酸铵和碳酸钙（石灰石或白云石粉）混合共熔而成的肥料。化学式是$5Ca(NO_3)_2 \cdot NH_4NO_3 \cdot 10H_2O$。

◆物理化学特征　根据生产工艺不同，有青白色或淡黄色颗粒（图3–16），吸湿性小、不易分解、不结块。养分可被作物直接吸收利用，生理酸性较低，肥效快，因挥发而产生的氮素损失少，热稳定性好，容易贮藏和搬运。

图3-16　硝酸铵钙肥料颗粒

◆适用作物及用法　广泛应用于温室和大田种植的粮食作物、经济作物、花卉、果树、蔬菜等。适用于基肥、种肥和追肥。

◆产品特点

（1）可同时供应铵态和硝态两种不同形态氮源，肥效快，有快速补氮的特点，其中增加了钙元素，养分比硝酸铵更加全面，植物可直接吸收。

（2）属中性肥料，生理酸性较弱，对酸性土壤有改良作用。施入土壤后对土壤酸碱度影响较小，不会引起土壤板结，可使土壤变得疏松。

（3）能降低活性铝的浓度，减少活性磷的固定，且提供的水溶性钙可提高植物对病害的抵抗力，能促进土壤中有益微生物的活动。

（4）在种植经济作物、花卉、水果、蔬菜等时，可延长花期，促使根、茎、叶正常生长，保证果实颜色鲜艳，增加果实硬度。

技术指标见表 3–11，包装标识见图 3–17。

表 3–11　农业用硝酸铵钙肥料产品标准技术指标　　%

项目	指标
总氮（N）的质量分数	≥ 15.0
硝态氮（N）的质量分数	≥ 14.0
钙（Ca）的质量分数	≥ 18.0
pH（1 : 250 倍稀释）	5.5 ～ 8.5
水不溶物含量	≤ 0.5
水分（H_2O）含量	≤ 3.0
粒度（通过 1.00 ～ 4.75 mm 标准筛）	≥ 90
砷的质量分数（以 As 计），mg/kg	≤ 10
镉的质量分数（以 Cd 计），mg/kg	≤ 10
铅的质量分数（以 Pb 计），mg/kg	≤ 50
铬的质量分数（以 Cr 计），mg/kg	≤ 50
汞的质量分数（以 Hg 计），mg/kg	≤ 5

来源：《农业用硝酸铵钙肥料》（NY/T 2269—2020）

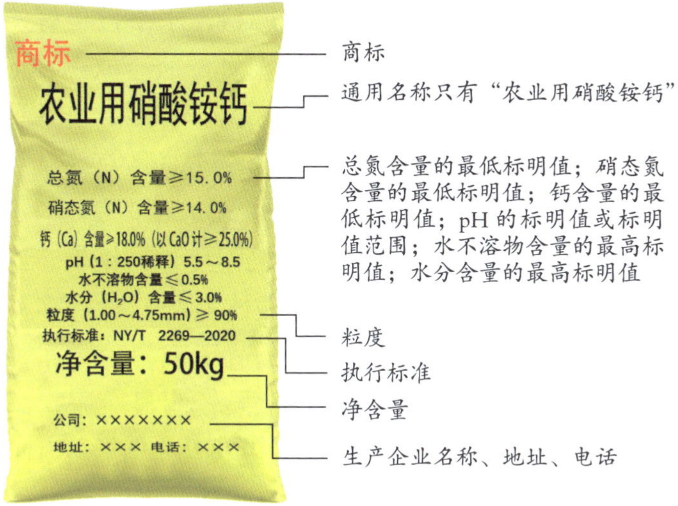

图 3-17　农业用硝酸铵钙肥料包装标识及说明

◆简单识别方法

无简易鉴别方法，实验室分析化验进行鉴别。

3.7 尿素硝酸铵溶液

◆定义　尿素硝酸铵溶液（urea ammonium nitrate solution），简称 UAN 溶液，国外也称为氮溶液（N solution）。UAN 溶液是以合成氨与硝酸中和形成的硝酸铵溶液、尿素溶液为原料按比例加工而成的水溶肥料。

◆物理化学特征　UAN 溶液常温常压条件下为液态，外观通常为无色透明液体或略带浅黄色透明液体（图 3-18）。

pH 为 5.5 ～ 7.5，属于中性偏酸性肥料，水溶性良好，腐蚀性低，无气味，含有铵态氮、硝态氮和酰胺态氮三种形态的氮。硝酸铵作为固体原料存在危险性，但与尿素配成溶液后，消除了它的可燃性和爆炸性。国际市场上一般有 3 个等级的 UAN 溶液销售，含氮量分别为 28%、30% 和 32%。不同含量对应不同的盐析温度，适合在不同温度地区销售。

◆**产品特点**　UAN 溶液作为液体氮肥，含有多种形态氮，既有速效性又有相对长效性，适用于各种农作物，尤其在瓜果蔬菜等作物上施用增产效果较明显。尿素硝酸铵溶液在施肥时可做播种前底肥，也可做追肥。UAN 溶液在具体应用时有很多施肥方式，尤其适合通过滴灌、微喷灌、喷灌系统施用，也可以浇施、冲施和叶面喷施。稀释倍数视不同作物及其生长情况而定，浓度可随作物的生长而加大。叶面喷施主要用于追肥，一般施用量为 1 ～ 2 kg/ 亩，稀释倍数 50 ～ 100 倍，苗期浓度稀，旺盛生长后浓度高。另外，

图 3-18　尿素硝酸铵溶液产品

尿素硝酸铵溶液施用时，原则上最好是少量多次。通过灌溉系统施用时，以湿润根区为宜，能有效提高肥料利用率。

技术指标见表 3-12，包装标识见图 3-19。

表 3-12　尿素硝酸铵溶液产品标准技术指标　　%

项目	指标
总氮的质量分数	≥ 28.0
酰胺态氮的质量分数	≥ 14.0
硝态氮的质量分数	≥ 7.0
铵态氮的质量分数	≥ 7.0
缩二脲的质量分数	≤ 0.5
pH（1∶250 倍稀释）	5.5 ～ 7.5
水不溶物的质量分数	≤ 0.5

来源：《尿素硝酸铵溶液及使用规程》（NY/T 2670—2020）

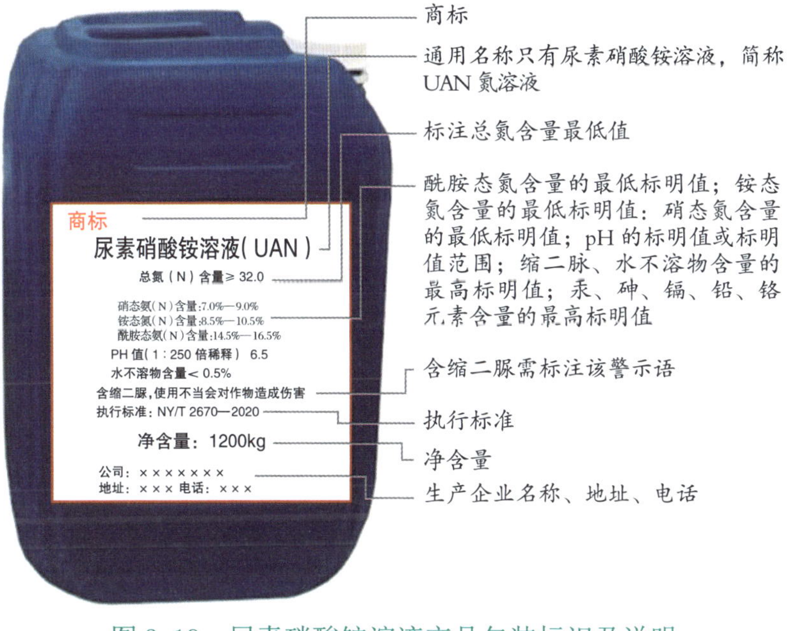

图 3-19　尿素硝酸铵溶液产品包装标识及说明

4 磷肥产品选购指南

磷肥是以磷为主要养分的肥料。磷肥肥效的大小和快慢取决于磷肥中有效的五氧化二磷（P_2O_5）的含量、土壤性质、施肥方法、作物种类等。国内的磷肥产品最早是过磷酸钙，目前市面上高浓度磷肥越来越多，以下介绍常见的磷肥产品以供大家鉴别。

4.1 过磷酸钙

◆**定义** 又称普通过磷酸钙、过磷酸石灰、过石灰，简称普钙（SSP），是用硫酸分解磷矿直接制得的磷肥，是一种磷酸盐肥料，主要成分是磷酸一钙（$Ca(H_2PO_4)_2 \cdot H_2O$），副成分是硫酸钙（$CaSO_4$）。此外，还有少量的游离磷酸、游离硫酸、磷酸二钙、磷酸铁、磷酸铝、磷酸镁等。

◆**物理化学特征** 分疏松状和颗粒状两类（图 4-1），颗粒粒径 2 ～ 5 mm。有效磷含量通常在 12% ～ 20%（其中 80% ～ 95% 溶于水），深灰色或灰白色，无机械杂质。部分溶于水，易吸潮结块，属于水溶性速效磷肥，稍有酸味，易吸湿，易结块，pH 为弱酸性，有腐蚀性，肥料溶液呈弱酸性。质地重，手感发腻。

◆**产品特点** 本身含有大量的石膏（$CaSO_4$）和游离酸，因而比较适用于碱性土壤。可直接作磷肥，也可作制复合肥料的配料，与氮肥混合使用，减少氮的损失。施用过磷酸钙时一定要适量，且最好深施和集中施用。

图 4-1 过磷酸钙肥料产品粉状和颗粒状

技术指标见表 4–1 和表 4–2，包装标识见图 4–2。

表 4–1　疏松状过磷酸钙产品标准技术指标　%

项目		优等品	一等品	合格品	
				Ⅰ	Ⅱ
有效磷（P_2O_5）的质量分数	≥	18.0	16.0	14.0	12.0
水溶性磷（P_2O_5）的质量分数	≥	13.0	11.0	9.0	7.0
硫（S）的质量分数	≥	8.0			
游离酸（P_2O_5）的质量分数	≤	5.5			
游离水的质量分数	≤	12.0	14.0	15.0	15.0
三氯乙醛的质量分数	≤	0.0005			

来源：《过磷酸钙》（GB/T 20413—2017）

表 4–2　颗粒状过磷酸钙产品技术指标　%

项目		优等品	一等品	合格品	
				Ⅰ	Ⅱ
有效磷（P_2O_5）的质量分数	≥	18.0	16.0	14.0	12.0
水溶性磷（P_2O_5）的质量分数	≥	13.0	11.0	9.0	7.0
硫（S）的质量分数	≥	8.0			
游离酸（P_2O_5）的质量分数	≤	5.5			
游离水的质量分数	≤	10.0			
三氯乙醛的质量分数	≤	0.0005			
粒度（1 ～ 4.75 mm 或者 3.35 ～ 5.60 mm）的质量分数	≥	80			

来源：《过磷酸钙》（GB/T 20413—2017）

◆**简单识别方法**　取过磷酸钙少许，置于一张白纸上放在亮处观察，若外观粉末精细，其中含有玻璃光泽的细碎颗粒，且粉末间似乎有磁性，则可判定为过磷酸钙掺有磷石膏，玻璃光泽颗粒越多，说明掺的磷石膏越多；若有土块、石块、煤渣等明显杂质，且酸味过浓，水分较大，则为未经熟化的不合格非成品；如果发现颜色发黑，手感发涩、扎手，则为煤灰假冒品。

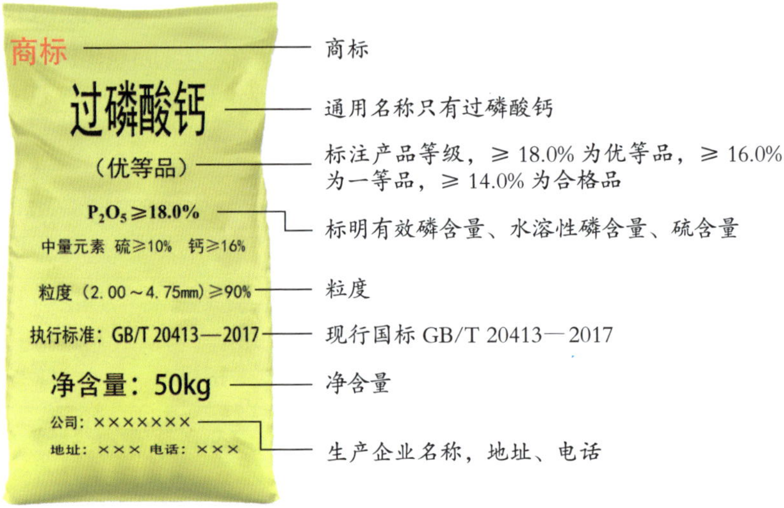

图 4-2　过磷酸钙肥料产品包装标识及说明

4.2 钙镁磷肥

◆**定义**　又称熔融磷肥，以磷矿石与含镁、硅的矿石，在高炉或电炉中经高温熔融、水淬、干燥和磨细制得，农业上用作肥料和土壤调理剂。

◆**物理化学特征**　外观呈灰白色、灰绿色或灰黑色粉末（图 4-3），粉状细度通常 ≤ 0.25 mm，呈疏松粉末状，无机械杂质。不溶于水，不吸潮，不结块。溶于弱酸，呈碱性，用手触摸无腐蚀性，无特殊气味。是一种含有磷酸根（PO_4^{3-}）的硅铝酸盐玻璃体，无明确的分子式与分子质量。钙镁磷肥不仅提供12%～18%的低浓度磷，还能提供大量的硅、钙、镁。主要成分包括$Ca_3(PO_4)_2$、$CaSiO_3$、$MgSiO_3$，P_2O_5含量12%～18%，CaO含量45%，SiO_2含量20%，MgO含量12%，是一种多元素肥料。

◆产品特点　可改良酸性土壤。可作基肥、追肥和种肥，但最宜作基肥。不溶于水，钙镁磷肥施入土壤后，其中磷只能被弱酸溶解，要经过一定的转化过程，才能被作物利用，所以肥效较慢，属缓效肥料。忌与铵态氮肥直接混合。

图4-3　钙镁磷肥肥料粉末

技术指标见表4-3和表4-4，包装标识见图4-4。

表 4-3　粉状或沙状钙镁磷肥产品标准技术指标　%

项目		指标		
		Ⅰ型	Ⅱ型	Ⅲ型
有效五氧化二磷（P_2O_5）的质量分数	≥	18.0	15.0	12.0
水分（H_2O）的质量分数	≤	0.5		
有效钙（Ca）的质量分数	≥	20.0		
有效镁（Mg）的质量分数	≥	6.0	5.0	4.0
可溶性硅（SiO_2）的质量分数	≥	20.0		
细度[a]（通过 0.25 mm 试验筛）	≥	80		

注：产品按照肥料合理施用的原则和满足不同养分配比的复合肥料生产需求分为Ⅰ型、Ⅱ型和Ⅲ型。

[a] 沙状产品细度指标不做要求，其粒度由供需双方共同约定。

来源：《钙镁磷肥》（GB/T 20412—2021）

表 4-4　颗粒状钙镁磷肥产品标准技术指标　%

项目		指标		
		Ⅰ型	Ⅱ型	Ⅲ型
有效五氧化二磷（P_2O_5）的质量分数	≥	17.0	14.0	11.0
水分（H_2O）的质量分数	≤	1.0		
有效钙（以 Ca）的质量分数	≥	19.5		
可溶性硅（SiO_2）的质量分数	≥	19.0		
有效镁（Mg）的质量分数	≥	6.0	5.0	4.0
粒度[a]（2～4.75 mm）	≥	90		
颗粒平均抗压碎力 /N	≥	15		
溶散率	≥	85		

注：产品按照肥料合理施用的原则和满足不同养分配比的复合肥料生产需求分为Ⅰ型、Ⅱ型和Ⅲ型。

[a] 粒度也可以按照供需双方合同约定指标执行。

来源：《钙镁磷肥》（GB/T 20412—2021）

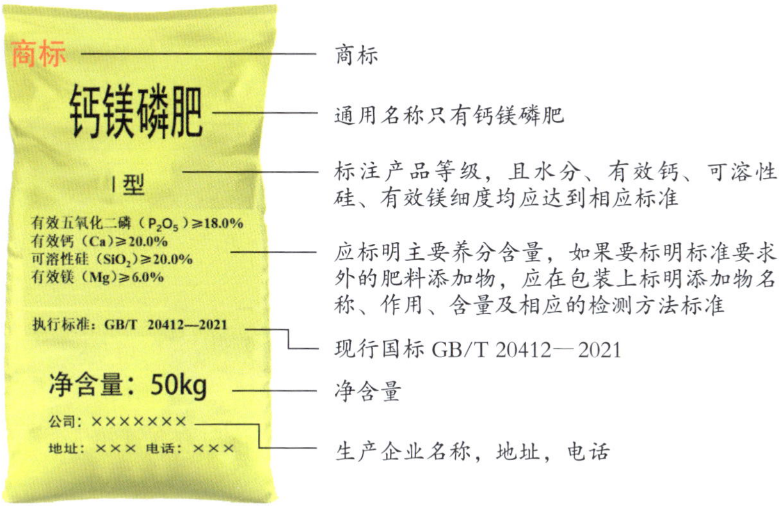

图 4-4　钙镁磷肥产品包装标识及说明

◆**简单识别方法**　钙镁磷肥属于枸溶性磷肥，呈碱性，溶于弱酸，不溶于水；无毒，用手触摸无腐蚀性，不吸潮，不结块。可以检测 pH（图 4-5），取一张广泛试纸窄条，插入上清液中，取出，对照 pH 试纸的颜色。钙镁磷肥水溶液呈碱性，试纸变为蓝（紫）色。

图 4-5　钙镁磷肥粉末及 pH 检测示意图

4.3 硝酸磷肥

◆**定义** 是含有氮和磷等元素的二元复合肥料，主要成分为硝酸盐和磷酸盐。

◆**物理化学特征** 颜色为白色（或灰白色）（图 4–6），粒径 2 ～ 5 mm 不规则颗粒，无机械杂质。易溶于水，易吸潮，pH 为中性，有氨味。根据工艺不同养分含量各异，一般冷冻法生产的硝酸磷肥总氮和总磷含量均为 20%；碳化法氮含量 18% ～ 19%，磷含量 12% ～ 13%；混酸法生产的硝酸磷肥养分含量均为 12% ～ 14%，浅灰色或乳白色颗粒，粒径为 2 ～ 5 mm，具有一定的吸湿性。

◆**产品特点** 施用时应深施覆土，基肥深施，追肥沟施或穴施，避免与种子或根系直接接触。施用后不宜立即灌水，避免养分被淋洗至深层，使肥效降低。

图 4-6　硝酸磷肥肥料颗粒

技术指标见表 4–5，包装标识见图 4–7。

表 4-5 硝酸磷肥产品标准技术指标

项目		优等品	一等品	合格品
		27-13.5-0	26-11-0	25-10-0
总养分（$N+P_2O_5+K_2O$）的质量分数 /%	≥	40.5	37.0	35.0
水溶性磷占有效磷百分率 /%	≥	70	55	40
水分（游离水）的质量分数 /%	≤	0.6	1.0	1.2
粒度（粒径 1.00 ～ 4.75 mm）/%	≥	95	85	80
注：单一养分测定值与标明值负偏差的绝对值不得大于 1.5%。				

来源：《硝酸磷肥、硝酸磷钾肥》（GB/T 10510—2023）

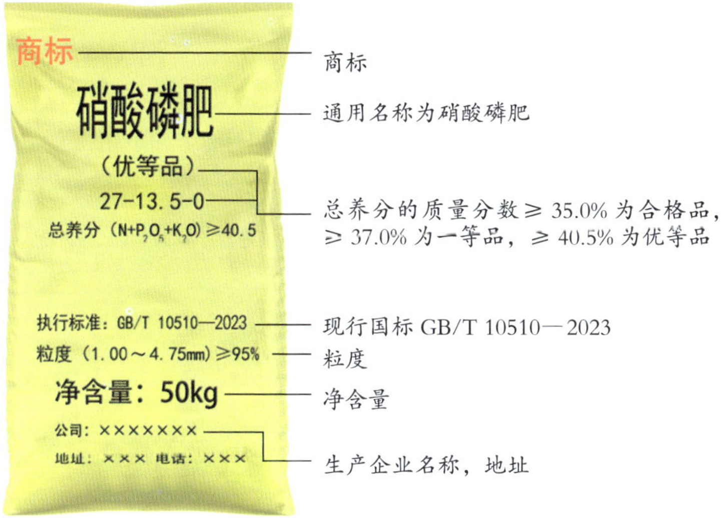

图 4-7 硝酸磷肥产品包装标识及说明

◆**简单识别方法** 硝酸磷肥为灰色或灰白色颗粒，具有较强的吸湿性，将肥料捏在手中片刻，可看到颗粒表面有明显的湿润现象。硝酸磷肥易溶于水，将硝酸磷肥颗粒放入水中搅拌，颗粒会迅速溶解。将硝酸磷肥颗粒放在烧红的铁片、木炭或燃烧的烟头上，肥料马上熔化并有气泡放出，同时伴有刺鼻的氨气味。

4.4 磷酸一铵（含工业一铵）与增值一铵

4.4.1 磷酸一铵

◆**定义** 又称安福粉、磷酸二氢铵（$NH_4H_2PO_4$），简称 MAP，由适当比例的磷酸和液氨作用而得。水溶性工业磷酸一铵主要通过热法磷酸通氨中和的方法制备。

◆**物理化学特征** 呈白色粉状或颗粒状（粒状产品具有较高的颗粒抗压强度）。多数为颗粒，部分国产磷酸一铵

图 4-8 磷酸一铵肥料产品展示

为粉末状，无机械杂质。可溶于水，水溶液呈酸性，空气中较稳定（图 4–8）。

◆产品特点　一般将其用作基肥施用，也是制备三元复合肥、掺混肥等的原料。水溶性工业磷酸一铵是一种速溶性的高效复合滴灌肥料，也是制备水溶性肥料的主要原料，适用于各种土质的大田作物和经济作物，特别是在碱性土壤和缺磷较严重的地方，增产效果十分明显。

技术指标见表 4–6 至表 4–8，包装标识见图 4–9。

表 4–6　传统法粒状磷酸一铵产品标准技术指标　%

项目		指标		
		优等品 12–52–0	一等品 11–49–0	合格品 10–46–0
外观		颗粒状，无机械杂质		
总养分（$N+P_2O_5$）的质量分数	≥	64.0	60.0	56.0
总氮（N）的质量分数	≥	11.0	10.0	9.0
有效磷（P_2O_5）的质量分数	≥	51.0	48.0	45.0
水溶性磷占有效磷百分率	≥	87	80	75
水分（H_2O）的质量分数[a]	≤	2.5	2.5	3.0
粒度（1.00 ～ 4.00 mm）	≥	90	80	80
[a] 水分为推荐性要求。				

来源：《磷酸一铵、磷酸二铵》（GB/T 10205—2009）

表 4–7　料浆法粒状磷酸一铵产品标准技术指标　%

项目		指标		
		优等品 11–47–0	一等品 11–44–0	合格品 10–42–0
外观		颗粒状，无机械杂质		
总养分（$N+P_2O_5$）的质量分数	≥	58.0	55.0	52.0
总氮（N）的质量分数	≥	10.0	10.0	9.0

续表 4-7

项目		指标		
		优等品 11-47-0	一等品 11-44-0	合格品 10-42-0
有效磷（P_2O_5）的质量分数	≥	46.0	43.0	41.0
水溶性磷占有效磷百分率	≥	80	75	70
水分（H_2O）的质量分数[a]	≤	2.5	2.5	3.0
粒度（1.00 ～ 4.00 mm）	≥	90	80	80
[a] 水分为推荐性要求。				

来源：《磷酸一铵、磷酸二铵》（GB/T 10205—2009）

表 4-8　水溶性磷酸一铵产品标准技术指标　%

项目		指标	
		Ⅰ型（11.5-60.5-0）[a]	Ⅱ型（11.5-54.5-0）[a]
外观		白色或者浅色晶体或粉末，无肉眼可见机械杂质	
总养分（总 N+ 水溶性 P_2O_5）的质量分数	≥	72.0	66.0
总氮（N）的质量分数[a]	≥	10.5	10.5
水溶性磷（P_2O_5）的质量分数[a]	≥	59.5	53.5
水不溶物的质量分数	≤	0.3	0.5
水的质量分数[a]	≤	0.5	1.5
pH		4～5	
砷（AS）的质量分数[b]（以干基计）	≤	0.0050	
铅（Pb）的质量分数[b]（以干基计）	≤	0.0050	
镉（Cd）的质量分数[b]（以干基计）	≤	0.0010	
铬（Cr）的质量分数[b]（以干基计）	≤	0.0050	
汞（Hg）的质量分数[b]（以干基计）	≤	0.0050	
细度		供需协商	

续表 4-8

项目	指标	
	I 型 (11.5-60.5-0)[a]	II 型 (11.5-54.5-0)[a]
[a] 表中每个类别中的配合式为该类别的典型配合式，企业可以生产其他配合式的产品。总氮和水溶性磷的测定值与标明值之间允许有 1.0% 的绝对负偏差，并且所有项目都应符合表中相应类别的要求。若未标明类别，则应按总养分对应的类别进行判定。 [b] 各重金属元素生态指标也可由生产厂家根据产品用途与客户协商确定，但不得低于《肥料中砷、镉、铬、铅、汞含量的测定》(GB/T 23349—2020) 中的指标值。		

来源：《水溶性磷酸一铵》(HG/T 5048—2016)

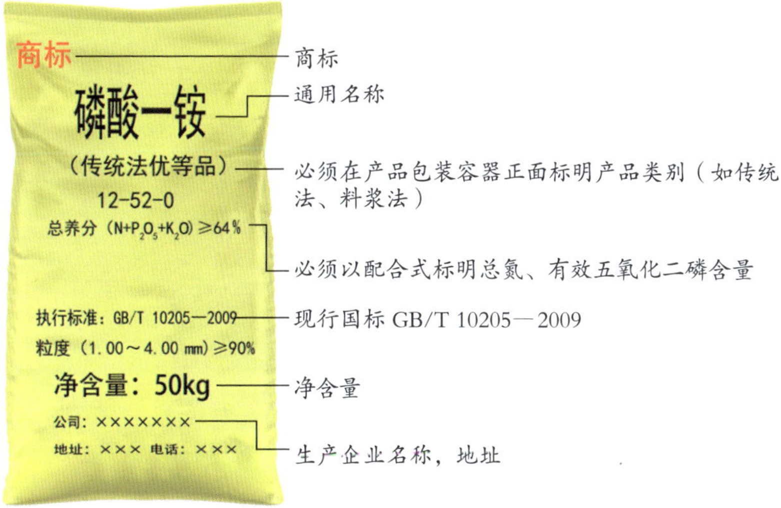

图 4-9　磷酸一铵肥料产品包装标识及说明

◆**简单识别方法**　磷酸一铵溶液用 pH 试纸检测呈红色，溶液呈酸性；将铁片烧红后，取少量的磷酸一铵放于其上，能观察到肥料颗粒变小，并放出刺激性的氨味。

4.4.2 含腐植酸磷酸一铵

◆**定义** 如将以矿物源腐植酸为主要原料制备的腐植酸添加到磷酸一铵生产过程中制成的具有降低磷素固定率效果的产品即为含腐植酸磷酸一铵。

◆**物理化学特征** 外观呈褐色或黑色、粉状或粒状，无机械杂质（图 4–10）。

◆**适用作物及用法** 含腐植酸磷酸一铵颗粒通常用作基肥施用，也是制备三元复合肥、掺混肥等的主要原料，与普通磷酸一铵用途相同。含腐植酸水溶性工业磷酸一铵是一种速溶性的高效复合滴灌肥料和制备水溶性肥料的主要原料，适用于不同土壤类型的大田作物和经济作物。在碱性土壤和缺磷较严重的地方，增产效果也十分明显。

◆**农学生物特征** 含腐植酸磷酸一铵含有腐植酸增效成分，可改良土壤结构，刺激作物根系生长。具备离子缓冲和螯合能力，可提高土壤中养分利用效率。

图 4–10 含腐植酸磷酸一铵产品

技术指标见表 4–9，包装标识见图 4–11。

表 4-9　含腐植酸磷酸一铵产品标准技术指标　　%

项目		指标
总养分（$N+P_2O_5$）的质量分数[a]	≥	52.0
总氮（N）的质量分数[a]	≥	9.0
有效磷（P_2O_5）的质量分数[a]	≥	41.0
水溶性磷占有效磷的百分率[a]	≥	75
腐植酸的质量分数	≥	0.3
水溶性磷固定差异率	≥	25
水分（H_2O）的质量分数[b]	≤	3.0
粒度（1.00 ～ 4.00 mm）[c]	≥	80

[a] 同时还应符合 GB/T 10205—2009 的要求。
[b] 水分以生产企业出厂检验数据为准。
[c] 粉状产品无粒度要求。

来源：《含腐植酸磷酸一铵》（HG/T 5514—2019）

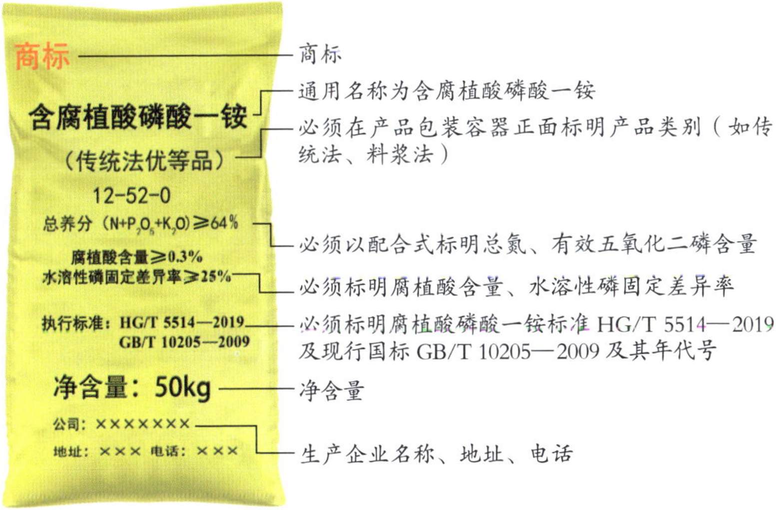

图 4-11　含腐植酸磷酸一铵产品包装标识及说明

◆**简单识别方法**　含腐植酸磷酸一铵外观为棕色或棕黑色，用 pH 试纸检测呈红色，溶液呈酸性；溶解后溶液呈棕色或棕褐色。其他简单鉴别方法参考普通磷酸一铵。

4.5 磷酸二铵

◆**定义**　又称磷酸氢二铵［$(NH_4)_2HPO_4$］，简称 DAP，用氨中和磷酸，化合后的料浆经造粒、干燥、筛分而制成，是含氮、磷两种营养成分的复合肥料。

◆**物理化学特征**　一般呈颗粒状（如果是粉末状最好不要购买），呈灰白色或深灰色（图 4-12），为增加耐储性，部分产品在生产过程中添加包裹剂，使产品外观呈褐色或黄色，无机械杂质，也有的产品呈现豆绿色（摩洛哥二铵和突尼斯二铵）。氮含量不小于 18%，有效磷含量不小于 46%，水溶磷含量不小于 40%。在潮湿空气中易分解，挥发出氨变成磷酸二氢铵，易溶于水。水溶液呈弱碱性，pH 8.0。

◆**产品特点**　磷酸二铵是一种高浓度的速效肥料，易溶于水，溶解后固形物较少，肥效快，尤其适合于干旱少雨的地区作基肥、种肥、追肥；宜深施，适用于绝大多数作物和土壤，尤其是酸性土壤地区。

图 4-12　磷酸二铵肥料颗粒展示

技术指标见表 4-10 和表 4-11，包装标识见图 4-13。

表 4-10　传统法粒状磷酸二铵产品标准技术指标　　%

项目		指标		
		优等品 18-46-0	一等品 15-42-0	合格 14-39-0
外观		颗粒状，无机械杂质		
总养分（$N+P_2O_5$）的质量分数	≥	64.0	57.0	53.0
总氮（N）的质量分数	≥	17.0	14.0	13.0
有效磷（P_2O_5）的质量分数	≥	45.0	41.0	38.0
水溶性磷占有效磷百分率	≥	87	80	75
水分（H_2O）的质量分数 [a]	≤	2.5	2.5	3.0
粒度（1.00 ～ 4.00 mm）	≥	90	80	80
[a] 水分为推荐性要求				

来源：《磷酸一铵、磷酸二铵》（GB/T 10205—2009）

表 4-11　料浆法粒状磷酸二铵产品标准技术指标　　%

项目		指标		
		优等品 16-44-0	一等品 15-42-0	合格 14-39-0
外观		颗粒状，无机械杂质		
总养分（$N+P_2O_5$）的质量分数	≥	60.0	57.0	53.0
总氮（N）的质量分数	≥	15.0	14.0	13.0
有效磷（P_2O_5）的质量分数	≥	43.0	41.0	38.0
水溶性磷占有效磷百分率	≥	80	75	70
水分（H_2O）的质量分数 [a]	≤	2.5	2.5	3.0
粒度（1.00 ～ 4.00 mm）	≥	90	80	80
[a] 水分为推荐性要求				

来源：《磷酸一铵、磷酸二铵》（GB/T 10205—2009）

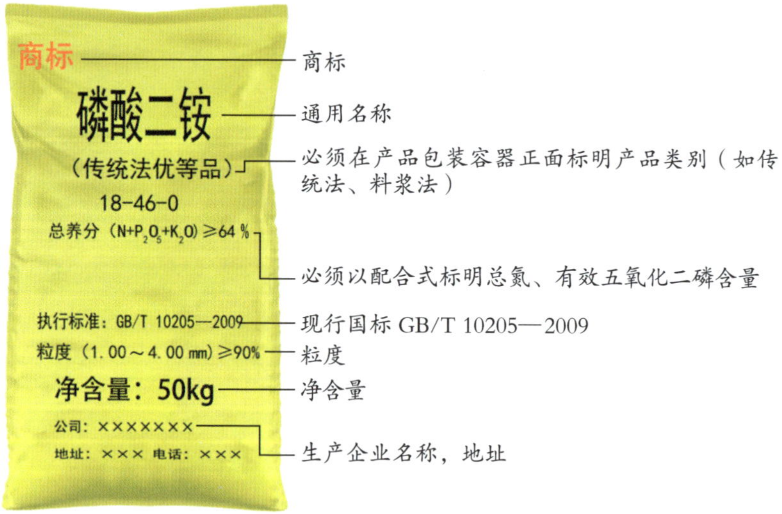

图 4-13　磷酸二铵肥料产品包装标识及说明

◆简单识别方法　用火烧时颗粒会熔化，并散发氨气味，烧后留下残渣颗粒，放在手心片刻不潮不粘手且有微凉感，把颗粒切开，切面细腻有光泽，硬度大，不易碎，中心黑褐色，边缘微黄半透明，表面比较光滑。

4.6 聚磷酸铵

◆定义　又称多磷酸铵（简称 APP），由过磷酸和氨反应或由正磷酸铵脱水而制得，分子式为 $(NH_4, H)_{n+2}P_nO_{3n+1}$，是正磷酸铵和多种聚磷酸铵的混合物，聚磷酸铵主要是焦磷酸铵、三聚磷酸铵和四聚磷酸铵，链更长的聚磷酸铵只有少量存在。

◆物理化学特征　固体产品为均匀的白色粉末（图4-14）。液体产品为无色或者浅色透明液体，无机械杂质。农用聚磷酸铵聚合度在 20 以下，易溶于水，溶解度大于正磷酸铵，还可以螯合金属阳离子，使之保留在溶液中。聚磷酸铵按其聚合度大小，可分为低聚、中聚、高聚三种。聚合度越大，水溶性越小。无气味，热稳定性好。

◆产品特点　聚磷酸铵养分含量高，溶解性好，不易与土壤溶液中的钙、镁、铁、铝等离子反应而使磷酸根失效。聚磷酸铵还具有螯合金属离子的作用，提高锌、锰等微量元素的活性。该产品在发达国家得到广泛使用，是液体肥料的主要品种。

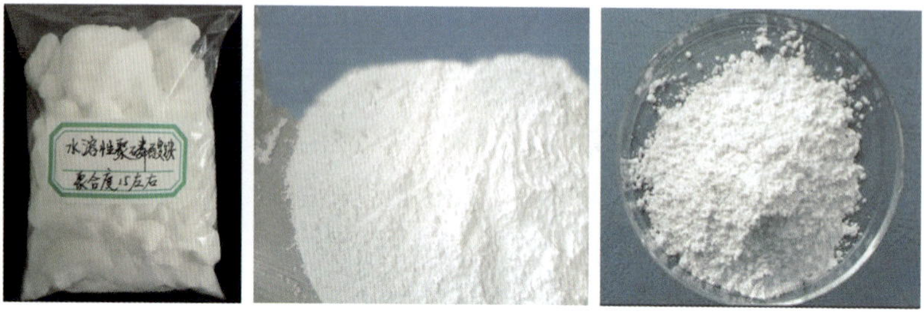

图 4-14　聚磷酸铵肥料产品展示

技术指标见表 4-12，包装标识见图 4-15。

《肥料级聚磷酸铵》（HG/T 5939—2021），于 2022 年 4 月 1 日起开始实施。

表 4-12　肥料级聚磷酸铵产品标准技术指标　　%

项目		指标			
		固体		流体	
		Ⅰ类	Ⅱ类	Ⅰ类	Ⅱ类
外观		均匀的固体粉末或颗粒，无可见机械杂质		均匀流体，无可见机械杂质	
总养分（$N+P_2O_5$）的质量分数[a]	≥	68.0	54.0	46.0	43.0
有效磷（P_2O_5）的质量分数	≥	55.0	41.0	36.0	33.0
总氮（N）的质量分数	≥	12.0	12.0	9.0	9.0
聚合率	≥	75.0	60.0	65.0	60.0
水不溶物的质量分数	≤	0.5	1.0	0.2	0.5
水分的质量分数[b]	≤	3.0	3.0	—	—
pH[c]（1∶250 倍稀释）		标明值	标明值	标明值	标明值

[a] 组成产品的单一养分测定值与标明值负偏差的绝对值应不大于 1.5%，且总养分应大于等于标明值。

[b] 水分仅对固体产品做要求，以生产企业出厂检验数据为准。

[c] pH 应以单一数值标明，测定值与标明值的差值的绝对值应不大于 1.0，固体产品标明值应在 4.0 ~ 9.0，液体产品标明值应在 5.0 ~ 9.0。

来源：《肥料级聚磷酸铵》（HG/T 5939—2021）

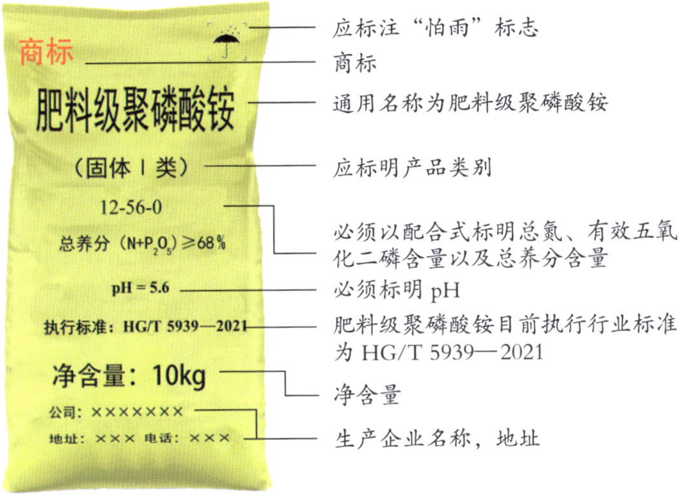

图 4-15 肥料级聚磷酸铵肥料产品包装标识及说明

◆**简单识别方法** 从外观判断，肥料级聚磷酸铵为白色粉末状固体或液体产品。从物理性状判断，聚磷酸铵固体产品易溶于水，而工业聚磷酸铵用于阻燃剂，难溶于水。水溶液 pH 呈中性，可用 pH 试纸测定。从理化性状判断，固体产品热稳定性高，加热后不易熔化。

4.7 磷酸脲

◆**定义** 又称尿素磷酸盐或磷酸尿素，是一种优于尿素并能同时提供非蛋白氮及磷的反刍动物饲料添加剂，是一种有机物，化学式为 $CO(NH_2)_2 \cdot H_3PO_4$。

◆**物理化学特征** 是一种白色或无色透明棱柱状晶体（图 4–16），颗粒粒径 2 ~ 5 mm 或疏松状物。易溶于水，水溶液呈酸性，溶解后会有轻微氨味，1% 水溶液的 pH 为 1.89；不溶于醚类、甲苯、四氯化碳和二噁烷中，热稳定性小，受热易发生分解反应，释放 CO_2、NH_3。

◆**产品特点** 磷酸脲对于改良土壤和增加作物产量具有良好效果，在碱性土壤中施用效果更好，可改善土壤理化性质，调控土壤 pH。

图 4–16 磷酸脲肥料产品展示

技术指标见表 4–13，包装标识见图 4–17。

表 4–13 工业级磷酸脲产品标准技术指标 %

项目		指标
五氧化二磷（P_2O_5）的质量分数	≥	44.0
总氮（N）的质量分数	≥	17.0
水不溶物的质量分数	≤	0.1
干燥减重的质量分数	≤	0.5
氟（F）的质量分数	≤	0.05
砷（As）的质量分数（以干基计）	≤	0.01
重金属（以 pb 计）的质量分数	≤	0.003
pH		1.6 ~ 2.4

来源：《工业级磷酸脲》（GB/T 27805—2011）

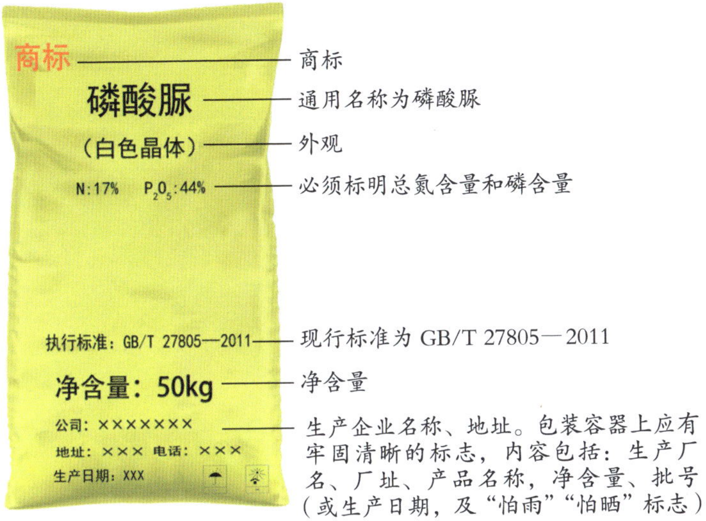

图 4-17　磷酸脲肥料产品包装标识及说明

◆简单识别方法　从外观判断：磷酸脲为白色或无色棱柱状晶体。从物理性状判断：磷酸脲易溶于水，不溶于有机溶剂；1% 水溶液 pH 为 1.89，可用 pH 试纸测定。从理化性状判断：热稳定性差，将磷酸脲放在烧红的铁片、木炭或燃烧的烟头上，会有刺鼻的氨气味放出。

5 钾肥产品选购指南

钾肥全称为钾素肥料，以钾为主要养分。以下介绍当前市面上常见的几种钾肥，以供大家鉴别。

5.1 氯化钾

◆**定义** 是一种无机化合物，化学式为 KCl，主要以光卤石、钾石盐和苦卤为原料制成。

◆**物理化学特征** 白色或微红色结晶体（颜色均匀的亮红色都是染色的，购买时要注意）（图 5-1），也有纯度不高（K_2O 含量 54% 或者更低）的产品多为灰白色或者浅黄色。白色晶体（或粉剂）一般都是用作原料进入工厂加工成硫酸钾或者复合肥料。纯度不高的灰白色或者浅黄色的氯化钾都是进入工厂作为含氯复合肥的原料。K_2O 含量常见为 60% 或者 62%。氯化钾水溶性非常好，常温下 1 L 水中可溶解 340 g，溶解后基本没有杂质。pH 为中性，有腐蚀性。无臭，味咸。

◆**产品特点** 氯化钾是农业上常用钾肥之一，其肥效快，可做基肥或追肥，但不宜做种肥，会影响种子发芽和幼苗生长。氯化钾适用于麻类、棉花等纤维作物，氯离子对提高纤维含量和质量有良好的作用，可提高纤维作物产量及品质。对于甜菜、甘蔗、马铃薯、葡萄、西瓜、茶树、烟草、柑橘等对氯敏感作物而言，不宜施用氯化钾，对品质有不良影响。氯化钾和氮肥、磷肥配施效果好，透水性差的盐碱地不宜施用氯化钾，否则会增加土壤盐害。

图 5-1　氯化钾肥料产品颗粒

技术指标见表 5-1，包装标识见图 5-2。

表 5-1　肥料级氯化钾产品标准技术指标

项目[a]			粉末结晶状			颗粒状		
			Ⅰ型	Ⅱ型	Ⅲ型	Ⅰ型	Ⅱ型	Ⅲ型
氧化钾（K_2O）的质量分数 /%		≥	62.0	60.0	57.0	62.0	60.0	57.0
水分（H_2O）的质量分数 /%		≤	1.0	2.0	2.0	0.3	0.5	1.0
氯化钠（NaCl）的质量分数 /%		≤	1.0	3.0	4.0	1.0	3.0	4.0
水不溶物质量分数 /%		≤	0.5	0.5	1.5	0.5	0.5	1.5
粒度[b,c]/%	1.00 ～ 4.75 mm	≥	—			90		
	2.00 ～ 4.00 mm	≥	—			70		
颗粒平均抗压碎力 /N		≥	—			25.0		

[a] 除水分外，各组分质量分数均以干基计。

[b] 只需符合两档中任意一档即可，颗粒状产品的粒度，也可执行供需双方合同约定的指标。

[c] 颗粒状产品若用作掺混肥料（BB 肥）生产的原料，可根据供需协议选择标注平均主导粒径（SGN）和均匀度指数（UI），计算方法见《尿素》（GB/T 2440—2017）附录 A。

来源：《肥料级氯化钾》（GB/T 37918—2019）

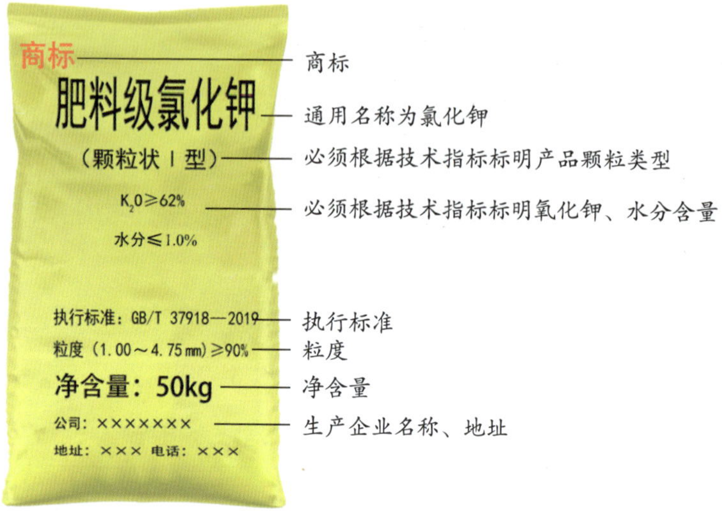

图 5-2　肥料级氯化钾产品包装标识及说明

5.2 硫酸钾

◆**定义**　农业用硫酸钾的生产方式主要有两种：一种是水盐体系；另一种是曼海姆法（由氯化钾与硫酸反应而成）。

◆**物理化学特征**　白色或灰白色晶体或不规则颗粒状（图 5-3），也有少量圆颗粒状。水盐体系结晶时含有杂质，故而颜色偏灰或淡黄色，碱性或中性；曼海姆法生产的硫酸钾产品为白色，偶有黑色小颗粒，水溶性好，市场上全水溶硫酸钾产品多为曼海姆法生产，曼海姆法生产的硫酸钾产品多为酸性，除非在生产后期加碱性物质中和，否则很难达到中性。

◆产品特点　硫酸钾适用于各种土壤和作物，尤其对十字花科等作物特别有利，但对于水稻等还原性较强的土壤，硫酸钾效果不如氯化钾。另外，硫酸钾的销售价格相比氯化钾较高，一般情况下，除在对氯敏感作物上以外，可考虑尽量选用氯化钾。

曼海姆法工艺粉状

水盐体系工艺不规则颗粒

图 5-3　两种工艺硫酸钾肥料产品

技术指标见表 5-2，包装标识见图 5-4。

表 5-2　农业用硫酸钾肥料标准技术指标

项目		粉末结晶状			颗粒状	
		优等品	一等品	合格品	优等品	合格品
水溶性氧化钾（K_2O）的质量分数 /%	≥	52	50	45	50	45
硫（S）的质量分数 /%	≥	17.0	16.0	15.0	16.0	15.0
氯离子（Cl^-）的质量分数 /%	≤	1.5	2.0	2.0	1.5	2.0
水分（H_2O）的质量分数 /%	≤	1.0	1.5	2.0	1.5	2.5
游离酸（以 H_2SO_4 计）的质量分数 /%	≤	1.0	1.5	2.0	2.0	2.0
粒度（1.00 ～ 4.75 mm 或 3.35 ～ 5.6 mm）/%	≥	—	—	—	90	90

来源：《农业用硫酸钾》（GB/T 20406—2017）

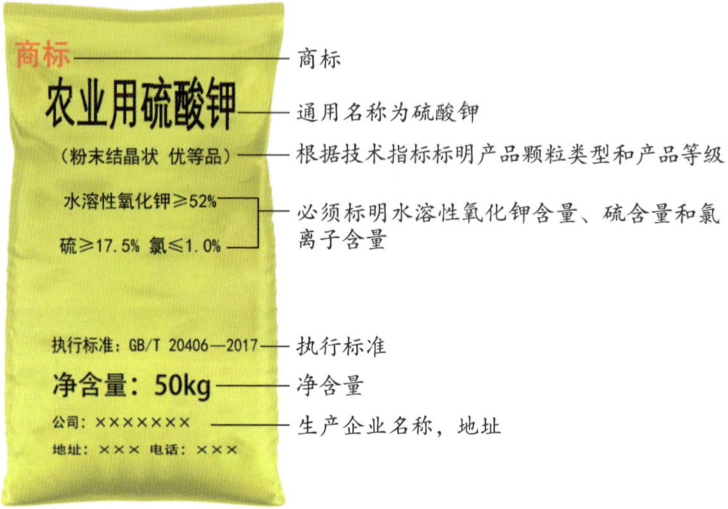

图 5-4　农业用硫酸钾肥料包装标识及说明

◆**简单识别方法**　与氯化钾相比，硫酸钾水溶性较差，而且随温度的变化溶解度变化不大。通常情况下，1000 g 水中能溶解 110 g 硫酸钾，过多则不能溶解。水盐体系的水不溶物含量更高。硫酸钾的造假方式，多见于商品名称的混淆概念，比如含硫颗粒钾，执行企业标准。这种情况多见于东北，产品是氯化钾中掺入硫酸铵、硫酸镁等造粒而成。其次是以国产冒充进口，仿冒德国红牛硫酸钾的比较多。

5.3 磷酸二氢钾

◆**定义**　是一种化学品，化学式为 KH_2PO_4。磷酸二氢钾的生产方法很多，包括中和法、萃取法、离子交换法、复分解法、直接法、结晶法和电解法等。在中国，生产工艺多采用中和法，其次是有机萃取法、复分解法、离子交换法。

◆**物理化学特征** 白色，无味，在空气中稳定，易溶于水。市场上多见晶体状（图 5-5），近几年也出现了粉末状磷酸二氢钾，价格比晶体状稍高一些。

◆**产品特点** 由于磷酸二氢钾性质稳定，复配性好，养分含量高，在农业上是一种非常适合的磷、钾肥料，也是高端水溶肥、叶面肥的常用原料。磷酸二氢钾适用于浸种、浸根、叶面喷施、滴灌，广泛适用于小麦、玉米、大豆、棉花、甘蔗等大田作物和经济作物，以及蔬菜、水果等作物。此外，磷酸二氢钾产品因其磷、钾含量较高，特别适合烤烟等对磷、钾元素需求较高的作物。

粉末状

晶体状

图 5-5 磷酸二氢钾肥料粉末状和颗粒状产品

技术指标见表 5 3，包装标识见图 5-6。

表 5-3 肥料级磷酸二氢钾肥料产品标准技术指标 %

项目		等级		
		优等品	一等品	合格品
磷酸二氢钾（KH_2PO_4）的质量分数	≥	98.0	96.0	94.0
水溶性五氧化二磷（P_2O_5）的质量分数	≥	51.0	50.0	49.0
氧化钾（K_2O）的质量分数	≥	33.8	33.2	30.5
水分的质量分数	≤	0.5	1.0	1.5
氯化物（Cl）的质量分数	≤	1.0	1.5	3.0
水不溶物的质量分数	≤	0.3		
pH		4.3 ～ 4.9		
砷及其化合物的质量分数（As）（以干基计）	≤	0.0050		
镉及其化合物的质量分数（Cd）（以干基计）	≤	0.0010		
铅及其化合物的质量分数（Pb）（以干基计）	≤	0.0200		
铬及其化合物的质量分数（Cr）（以干基计）	≤	0.0500		
汞及其化合物的质量分数（Hg）（以干基计）	≤	0.0005		

来源：《肥料级磷酸二氢钾》（HG/T 2321—2016）

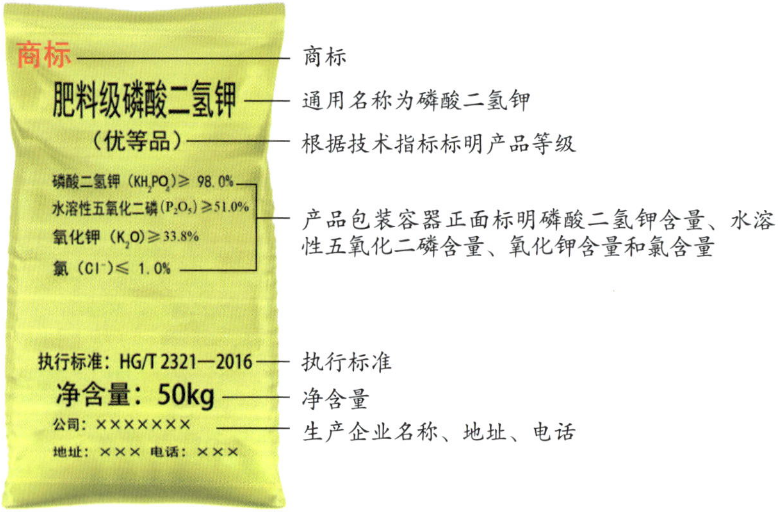

图 5-6 磷酸二氢钾肥料产品包装标识及说明

◆简单识别方法　磷酸二氢钾的假货，多见于七水硫酸镁、一水硫酸镁或者无水硫酸镁。七水硫酸镁水分较大，如果打开包装，用手抓发现有湿滑感，则可断定是七水硫酸镁。如果是一水硫酸镁或者是无水硫酸镁冒充，难以判断。一水硫酸镁与无水硫酸镁没有晶体状，所以购买到粉末的磷酸二氢钾就要认真辨认，必要时可以抽样送到实验室检测。如果价格比其他正常的便宜很多，一般都是假货。判断磷酸二氢钾的真伪，可以用加热的方法鉴别。在容器中放入磷酸二氢钾加热熔化成透明的液体，冷却后固化为不透明的玻璃状则为真品，否则为假货。这个反应的原理是高温下磷酸二氢钾生成玻璃状偏磷酸钾，这个过程不可逆。

5.4 硫酸钾镁肥

◆来源　农业用硫酸钾镁是指从盐湖卤水或固体钾镁盐矿中提取制成的含钾、镁、硫等元素的肥料，不包括用硫酸钾和镁化合物掺混而成的产品。

◆产品特点　它是一种多元素钾肥，除含钾、硫、镁外，还含有钙、硅、硼、铁、锌等元素，形态为灰白色不规则颗粒（图 5-7），呈弱碱性，特别适合酸性土壤施用，一般作基肥，也可作追肥。

农业用硫酸钾镁（盐湖卤水制取）

农业用硫酸钾镁（固体钾镁盐矿制取）

图 5-7　两种工艺制取的硫酸钾镁肥产品

技术指标见表 5-4，包装标识见图 5-8。

表 5-4　硫酸钾镁肥产品标准技术指标　　%

项目		优等品	一等品	合格品
氧化钾（K_2O）的质量分数	≥	30.0	24.0	21.0
镁（Mg）的质量分数	≥	7.0	6.0	5.0
硫（S）的质量分数	≥	18.0	16.0	14.0
氯离子（Cl^-）的质量分数	≤	2.0	2.5	3.0
钠离子（Na^+）的质量分数	≤	0.5	1.0	1.5
游离水（H_2O）的质量分数	≤	1.0	1.5	1.5
水不溶物的质量分数	≤	1.0	1.0	1.5
pH		7.0 ～ 9.0		
粒度（1.00 ～ 4.75 mm）	≥	90		
砷及其化合物的质量分数（As）（以干基计）	≤	0.0050		
镉及其化合物的质量分数（Cd）（以干基计）	≤	0.0010		
铅及其化合物的质量分数（Pb）（以干基计）	≤	0.0200		
铬及其化合物的质量分数（Cr）（以干基计）	≤	0.0500		
汞及其化合物的质量分数（Hg）（以干基计）	≤	0.0005		

来源：《硫酸钾镁肥》（GB/T 20937—2018）

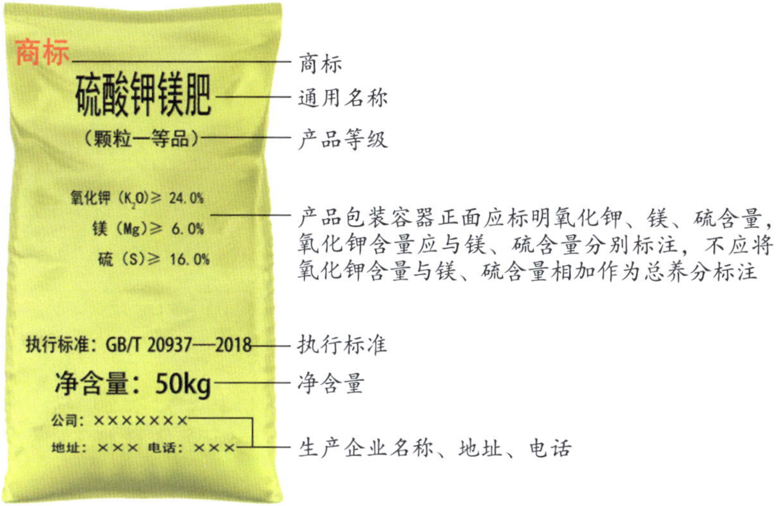

图 5-8 硫酸钾镁肥产品包装标识及说明

◆**简单识别方法** 按照肥料备案管理制度，硫酸钾镁肥产品必须备案（目前还有某些公司登记证还在有效期内），包装袋上必须有备案号。硫酸钾镁产品在国内较少，属于小众产品，市场假货也比较少见。市场上常见的是国投新疆罗布泊钾肥有限责任公司、德国钾盐公司（国内加工）及美国美盛等几个公司的产品。

5.5 农业用硝酸钾

◆**来源** 白色粉末优等品含硝态氮（NO_3^--N）13.5%，

K_2O 46.0%。农业用硝酸钾属于二元复合肥，而且硝酸钾是无氯的钾、氮复合肥料，植物营养元素钾、氮的总含量可达60%左右，具有良好的物理化学性质。

◆**物理化学特征** 外观通常为白色或浅色的结晶粉末或颗粒（图5-9），无机械杂质；可以迅速、完全溶解于水，溶于水时吸热，溶液温度降低，其水溶液为中性。

◆**适用作物及用法** 农业用硝酸钾富含营养元素氮、钾，且不含氯，在烟草、果树、瓜果类蔬菜等经济作物上使用比较多，肥效快，农产品品质比较好。对忌氯作物施用最为合适，如烟草、柑橘、香蕉、蔬菜以及其他对氯敏感作物，特别适用于烟草，既能够增加烟草产量，也能提高烟草品质。

◆**农学生物特征** 硝酸钾没有挥发性，具有全溶性、作物吸收养分迅速等特点，所以施用方便，直接施于土壤表面无须覆盖，各个季节作物均可施用，并在水溶肥、滴灌肥、叶面肥上应用广泛，在缺水的地区市场需求大。但由于硝酸钾价格较高，目前国内仅用于少数经济作物。

图5-9　农业用硝酸钾肥料颗粒展示

技术指标见表5-5，包装标识见图5-10。

表 5-5　农业用硝酸钾肥料标准技术指标　　%

项目			等级		
			优等品	一等品	合格品
氧化钾（K_2O）的质量分数		≥	46.0	44.5	44.0
总氮（N）的质量分数		≥	13.5	13.5	13.0
氯离子（Cl^-）的质量分数		≤	0.2	1.2	1.5
水分（H_2O）的质量分数		≤	0.5	1.0	1.5
水不溶物的质量分数		≤	0.10	0.20	0.30
粒度[a]	1.00 ～ 4.75 mm	≥	90		
	1.00 mm 以下	≤	3		
砷及化合物的质量分数（As）（以干基计）		≤	0.0050		
铬及其化合物的质量分数（Cr）（以干基计）		≤	0.0010		
铅及其化合物的质量分数（Pb）（以干基计）		≤	0.0200		
镉及其化合物的质量分数（Cd）（以干基计）		≤	0.0500		
汞及其化合物的质量分数（Hg）（以干基计）		≤	0.0005		

[a] 结晶状产品的粒度不做规定。粒状产品的粒度，也可以执行供需双方合同约定的指标。

来源：《农业用硝酸钾》（GB/T 20784—2018）

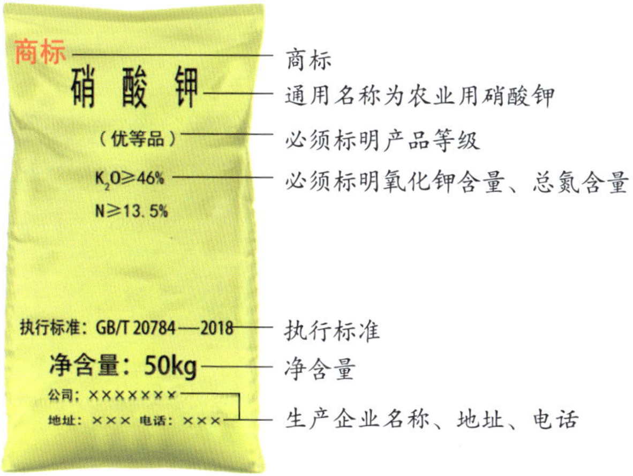

图 5-10　农业用硝酸钾肥料包装标识及说明

◆**简单识别方法** 硝酸钾产品若是真品在达到一定温度时可以直接点燃，一般直接用烟头接触就可以看见硝酸钾燃烧火焰；纯度不够或者是假冒产品不可能燃烧，或者燃烧后会有刺鼻的气味。

6 复合肥料产品选购指南

复合肥料是一种含有两种或两种以上主要植物营养元素（通常为氮、磷、钾）的化学混合物，旨在为农作物和植物提供综合性的营养支持。这些营养元素以及可能的微量元素被混合在一起，以满足植物在不同生长阶段所需的多种养分。复合肥料通常被设计成在一次施用中提供多种必要的营养，以促进植物的生长、发育和产量。这种肥料类型可通过调整其配方中不同元素的比例，以适应不同作物和土壤的特定要求。以当前市面上常见的几种复合肥为例进行介绍，以供大家鉴别。

6.1 复合肥料

◆**定义** 氮、磷、钾三种养分中，至少有两种养分标明量的由化学方法和（或）物理方法制成的肥料。产品较多，按照形态可分为液体肥料和固体复合肥料。按营养种类可分为二元复合肥料 、三元复合肥料。按用途可分为专用复合肥料和通用复合肥料。按养分含量可分为高、中、低浓度系列复合肥料，一般低浓度总养分在 25.0% ～ 30.0%，中浓度在 30.0% ～ 40.0%，高浓度在 40.0% 以上。按营养元素存在形态可分为硫酸钾复合肥料、氯化钾复合肥料、硝基型复合肥料和尿基复合肥料。按工艺可分为高塔复合肥料、转鼓复合肥料、喷浆复合肥料、掺混肥料、挤压复合肥料。

◆**物理化学特征** 粒状、条状或片状产品，无机械杂质。

◆**适用作物及用法** 复合肥料养分全面，含量高，物理性状好，适用范围广，但在施用过程要注意以下三个问题：

（1）按土壤和作物选择复合肥料的品种。只有因地制宜，才能发挥其肥效。

（2）复合肥料应与单质肥料配合施用。复合肥料中的营养成分是固定的，只有与各种单质肥料配合施用，才能满足作物不同时期对养分的需求。一般来说，复合肥适合作基肥，而单质肥料可作追肥施于作物需肥的高峰期和关键期。

（3）不同复合肥料中，各种营养成分的比例和形态是不一样的，加上土壤和作物种类不同，施肥的方法也不应一样，要区别对待。黏性土壤保肥力强，应深施；沙质土壤易脱肥，可少量多次施用复合肥。

技术指标见表 6–1。

表 6–1　复合肥料产品标准技术指标　　%

<table>
<tr><td colspan="3" rowspan="2">项目</td><td colspan="3">指标</td></tr>
<tr><td>高浓度</td><td>中浓度</td><td>低浓度</td></tr>
<tr><td colspan="2">总养分[a]（$N+P_2O_5+K_2O$）的质量分数</td><td>≥</td><td>40.0</td><td>30.0</td><td>25.0</td></tr>
<tr><td colspan="2">水溶性磷占有效磷百分率[b]</td><td>≥</td><td>60</td><td>50</td><td>40</td></tr>
<tr><td colspan="2">硝态氮的质量分数[c]</td><td>≥</td><td colspan="3">1.5</td></tr>
<tr><td colspan="2">水分[d]（H_2O）的质量分数</td><td>≤</td><td>2.0</td><td>2.5</td><td>5.0</td></tr>
<tr><td colspan="2">粒度[e]（1.00 ～ 4.75 mm 或 3.35 ～ 5.60 mm）</td><td>≥</td><td>90</td><td>90</td><td>90</td></tr>
<tr><td rowspan="3">氯离子的质量分数[f]</td><td>未标“含氯”产品</td><td>≤</td><td colspan="3">3.0</td></tr>
<tr><td>标识“含氯（低氯）”产品</td><td>≤</td><td colspan="3">15.0</td></tr>
<tr><td>标识“含氯（中氯）”产品</td><td>≤</td><td colspan="3">30.0</td></tr>
<tr><td rowspan="3">单一中量元素的质量分数[g]（以单质计）</td><td>有效钙</td><td>≥</td><td colspan="3">1.0</td></tr>
<tr><td>有效镁</td><td>≥</td><td colspan="3">1.0</td></tr>
<tr><td>总硫</td><td>≥</td><td colspan="3">2.0</td></tr>
<tr><td colspan="2">单一微量元素的质量分数[h]（以单质计）</td><td>≥</td><td colspan="3">0.02</td></tr>
<tr><td colspan="6">[a] 组成产品的单一养分含量不应小于 4.0%，且单一养分测定值与标明值负偏差的绝对值不应大于 1.5%。
[b] 以钙镁磷肥等枸溶性磷肥为基础磷肥并在包装容器上注明为“枸溶性磷”时，“水溶性磷占有效磷百分率”项目不做检验和判定；若为氮、钾二元肥料，“水溶性磷占有效磷百分率”项目不做检验和判定。
[c] 包装容器上标明“含硝态氮”时检测本项目。
[d] 水分以生产企业出厂检测数据为准。
[e] 特殊形状或更大颗粒（粉状除外）产品的粒度可由供需双方协议确定。
[f] 氯离子的质量分数大于 30.0% 的产品，应在包装容器上标明“含氯（高氯）”，标识“含氯（高氯）”的产品氯离子的质量分数可不做检验和判定。
[g] 包装容器上标明含钙、镁、硫时检测本项目。
[h] 包装容器上标明含铜、铁、锰、锌、硼、钼时检测本项目，钼元素的质量分数不高于 0.5%。</td></tr>
</table>

来源：《复合肥料》（GB/T 15063—2020）

◆有毒有害物质限量要求 包装容器或使用说明书中标明适用于种、肥同播的复合肥产品缩二脲含量应≤ 0.8%，其他有毒有害物质的限量要求执行《肥料中有毒有害物质的限量要求》（GB 38400—2019）。

◆简单识别方法

（1）颜色与形态。复合肥料多为白色颗粒状，也有的由于采用红色的氯化钾作为原料，呈红色颗粒状，1.00 ～ 4.75 mm 或 3.35 ～ 5.60 mm 颗粒占 90% 以上。假冒复合肥料颗粒性差，多为粉末状，颜色为灰色或黑色。国家标准规定三元低浓度复合肥料的水分含量应小于或等于 5%，如果超过这个指标，抓在手中会感觉黏手，并可以捏成饼状。优质复合肥料颗粒一致，无大硬块，粉末较少，可见红色细小钾肥颗粒或白色尿素颗粒。含氮量较高的复合肥料，存放一段时间肥粒表面可见许多附着的白色微细晶体。劣质复合肥料没有这些现象。

（2）气味。复合肥料一般来说无异味（有机无机复混肥料除外），如果有异味，则是由于基础原料氮肥农用碳酸氢铵或是基础原料磷肥中含有毒物质三氯乙醛（酸）。三氯乙醛（酸）进入农田后轻则引起烧苗，重则使农作物绝收，而且毒性残留期长影响下季作物生长。因此，农民朋友最好不要买有异味的复合肥料。

（3）溶解性。复合肥料溶解性能良好。将几粒复合肥料放入容器中，加少量水后迅速搅动，颗粒会迅速消失，消失越快，复合肥料的水溶性越好。溶解后即使有少量沉淀物，也较细小。假冒的复合肥料溶解性差，放入水中搅动后不溶解或溶解少许，留下大量不溶的残渣，残渣粗糙而坚硬。

（4）灼烧性。将复合肥料放在烧红的木炭上或燃烧的香烟头上，化肥会马上熔化并呈泡沫沸腾状，同时有氨气放出；假的复合肥料不会熔化或熔化极少的一部分。取少量复合肥料置于铁皮上，放在明火中灼烧，有氨臭味说明含有氮，出现黄色火焰说明含有钾。氨味浓、紫色火焰长的是优质复合肥料；反之，为劣质品。

6.2 缓释肥料

◆**定义** 通过养分的化学复合或物理作用，使其对作物的有效态养分随着时间而缓慢释放的化学肥料。

◆**物理化学特征** 外观为颗粒状产品，无机械杂质（图 6–1）。

◆**适用作物及用法** 适用于大田作物、瓜果、蔬菜、设施栽培、草坪等，适宜作基肥。

用法：做基肥时，在播种前将肥料撒施均匀，然后翻耕入土层中。施用时可采用撒施、条施或穴施等多种方法。

◆**产品特点** 缓释肥料可以提高肥料的利用率，减少肥料的使用量（减少 10% ～ 20%）；可以和速效肥料配合用作基肥，一次性使用，可以减少 1/3 左右的用工量，并且相对比较安全，不容易引起肥害。缓释肥料施加过后，肥效持续时间较长，后期不脱肥，还能够提高植株的抗病能力和抗倒伏能力，增加产量，其释放机制见图 6–2。

缓释尿素　　　　缓释掺混肥料

图 6-1　缓释肥料产品颗粒

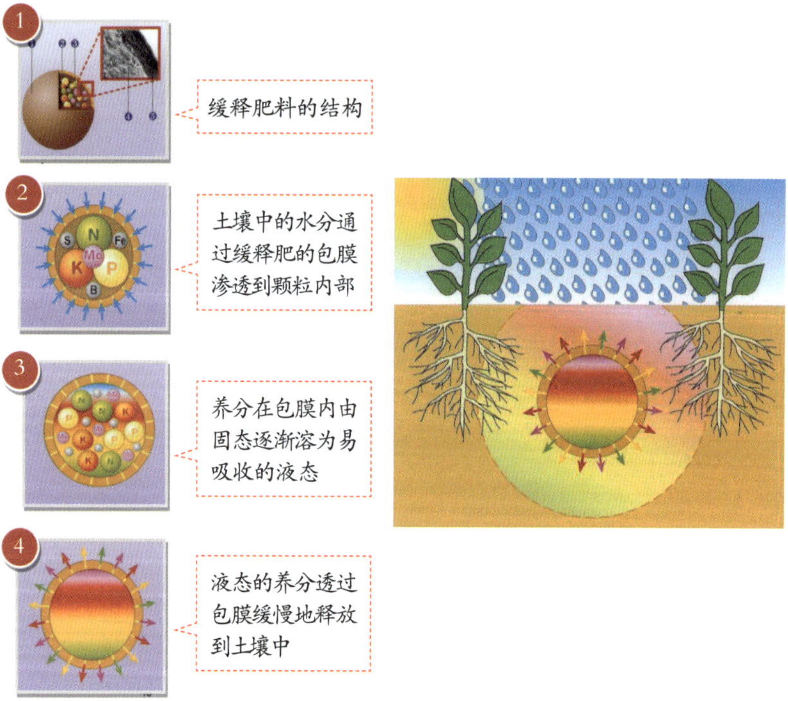

图 6-2　缓释肥料释放机制

技术指标见表 6–2，包装标识见图 6–3。

表 6–2 缓释肥料产品标准技术指标要求 %

项目		指标	
		高浓度	中浓度
总养分（$N+P_2O_5+K_2O$）的质量分数	≥	40.0	30.0
水溶性磷占有效磷的质量分数	≥	60	50
水分（H_2O）的质量分数	≤	2.0	2.5
粒度（1.00 ～ 4.75 mm 或 3.35 ～ 5.60 mm）	≥	90	
养分释放期 / 月	=	标明值	
初期养分释放率	≤	15	
28 天累积养分释放率	≤	80	
养分释放期的累积养分释放率	≥	80	
缓释养分为单一养分时，缓释养分量应不小于 8.0%，缓释养分为氮和钾两种时，每种缓释养分量应不小于 4.0%			

来源：《缓释肥料》（GB/T 23348—2009）

部分缓释肥料产品标准技术指标要求应符合表 6–3，同时应符合包装标明值和相应国家或行业标准的要求。

表 6–3 部分缓释肥料产品标准 %

项目		指标
缓释养分量	≥	标明值
缓释养分释放期 / 月	=	标明值
缓释养分 28 天的累积养分释放率	≤	80
缓释养分释放期的累积养分释放率	≥	80
缓释养分为单一养分时，缓释养分量应不小于 8.0%，缓释养分为氮和钾两种时，每种缓释养分量应不小于 4.0%		

来源：《缓释肥料》（GB/T 23348—2009）

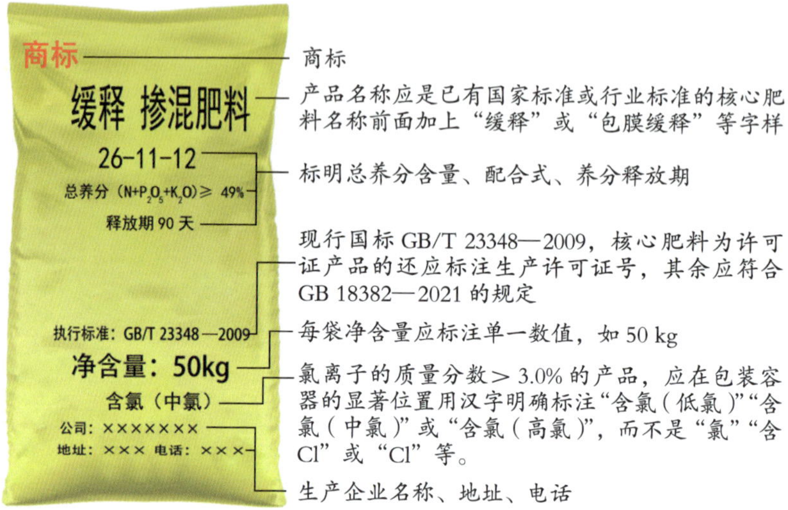

图 6-3　缓释肥料产品包装标识及说明

◆简单识别方法

（1）水泡法　分别将缓释肥和普通复合肥放在两个盛水的玻璃杯里，轻轻搅拌几分钟，复合肥会较快溶解，颗粒变小或完全溶解，水呈浑浊状，而缓释肥则不会溶解，且水质清澈，无杂质，颗粒周围有气泡冒出（图 6–4A）。

（2）小刀切割法　取出一个缓释肥颗粒，用小刀切开，会发现肥料表面有一层薄膜，放入水中，薄膜不溶解则为缓释肥，否则为假缓释肥（图 6–4B）。

（3）查数法　随机抓取或捧取缓释肥，每 100 个肥料颗粒中缓释氮肥的粒数 20 ～ 22 个视为真正的缓释肥，否则视为不合格或假缓释肥。

（4）手搓　注意不能根据颜色辨别。有些厂家仿冒缓释肥的颜色，把普通肥做成与缓释肥相同的颜色，如果放在水里缓释肥脱色，水质浑浊且带色，说明是仿冒产品，真正的缓释肥外膜是不脱色的。

图 6-4　缓释肥料产品简单鉴别方法展示

6.3 稳定性肥料

◆定义　是指通过一定工艺在肥料中加入脲酶抑制剂和（或）硝化抑制剂，肥料施入土壤后能通过脲酶抑制剂抑制尿素的水解，和（或）通过硝化抑制剂抑制铵态氮的硝化，肥效期得到延长，这一类稳定性肥料包括含氮的二元或三元肥料和单质氮肥。

◆物理化学特征　稳定性肥料，如稳定性尿素，具有与普通尿素相同的理化特征。肥料颗粒颜色均匀（图 6–5），无机械杂质。

◆农学生物特征　脲酶抑制剂可减缓尿素水解，硝化抑制剂可延缓铵态氮向硝态氮转化，从而使肥效期延长，稳定性肥料氮源相对稳定，适合作底肥，长效供肥。

图 6-5　稳定性肥料产品颗粒

技术指标见表 6-4，包装标识见图 6-6。

表 6-4　稳定性肥料标准技术指标要求　　%

项目	稳定性肥料 1 型（仅含脲酶抑制剂）	稳定性肥料 2 型（仅含硝化抑制剂）	稳定性肥料 3 型（同时含有两种抑制剂）
尿素残留差异率　≥	25	不做要求	25
硝化抑制率　≥	不做要求	6	6
硝化抑制率指标，在试液培养的第 9 天、第 12 天、第 15 天中任意一天的测定结果达到指标要求即判定为合格			

来源：《稳定性肥料》（GB/T 35113—2017）

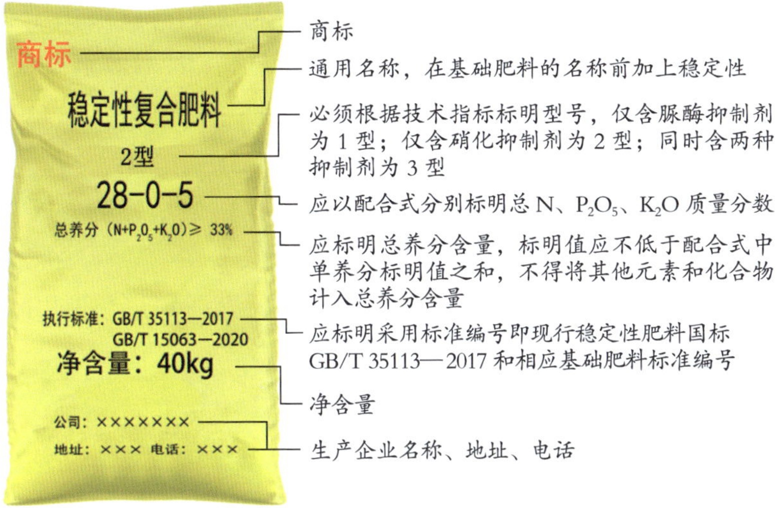

图 6-6　稳定性肥料产品包装标识及要求

◆**简单识别方法**　稳定性肥料产品外观与常规复合肥料一样，需要实验室测定。

6.4 增效类复合肥料

◆**定义**　增效类复合肥料是指在传统复合肥料生产过程中添加了肥料增效剂的一种新型复合肥料。与传统复合肥料相比，增效复合肥能够明显提高肥料利用率，增强肥效，是复合肥料高效化、优质化的发展方向，现使用的增效剂有海藻酸、腐植酸、黄腐酸、螯合微量元素、聚谷氨酸、聚天冬氨酸、微生物代谢物等。

◆**物理化学特征**　增效类复合肥料，如海藻酸类肥料等具有与普通复合肥料相同的理化特征，因增效剂种类、添加量的不同，颗粒强度、pH、吸湿性等物理化学特征可能略有差异。

◆**适用作物及用法**　增效类复合肥料适用作物参考复合肥料。

◆**产品特点**　各类肥料产品见图 6–7，特点分列如下。

控失复合肥料

海藻提取物

腐植酸类物质

螯合微量元素

图 6-7　增效类复合肥料产品

◇控失复合肥料

控失复合肥在复合肥料生产过程中添加养分控失剂以减少复合肥料施用后挥发、径流和淋溶等损失，这种养分控失剂是由天然无机高分子材料做成的，这种基于内质分子网的新型复合肥料就是控失复合肥料。控失复合肥料在土壤中遇水时形成微米到纳米尺度的内置网，网捕化肥分子，减小化肥养分流动性。此外，控失剂材料具有保水性，通过对化肥营养元素进行“包裹”和水肥耦合，达到缓慢释放、减少流失、提高化肥利用率作用。控失复合肥料施用后能有效将肥料养分固定在土壤（植物根际）中，满足植物生长发育对养分的需求，使肥料养分得到充分利用。与普通肥相比，控失复合肥肥料利用率明显提高。控失复合肥料所用材料绿色环保、自然降解，长期施用可以改善土壤理化性状，提高土壤保肥、保水能力，增强作物抗旱能力，促进作物稳产高产。

◇腐植酸类物质

腐植酸类物质是土壤有机质的重要组成部分，是土壤、动物粪便、低阶煤（泥炭、褐煤、风化煤等）以及农业副产品和废弃物处理过程中形成的物质。腐植酸类物质作为植物生物刺激素具有多种生理功能，如增强营养物质的吸收、改善植物根际环境、提高土壤结构和肥力、加快植物体内新陈代谢、促进植物生长、提高植物抗逆性和减少病虫害发生。腐植酸作为生物刺激素主要通过加强植物根系的发育来促进植物的生长。腐植酸还可以增强植物抵御多种生物胁迫。

◇海藻提取物

通过调节农作物的新陈代谢和生理功能，促进作物根系生长，增加农作物生物量进而提高农作物的产量，能缓解病虫害，预防冻害和干旱等非生物逆境，对农作物品质也有一定的改善作用。海藻提取物通过改善植物的根际土壤环境促进植物生长。海藻多糖还能够影响植物根际微生物区系的分布，刺激土壤中有益菌更好地作用于植物体，抑制病原微生物的增殖。与腐植酸类似，海藻提取物中也含有大量的聚阴离子化合物，能够螯合土壤中的重金属阳离子，在修复重金属污染的土壤中也起着一定的作用。

◇蛋白水解物

主要是由植物源和动物源残留物通过酶解法、化学法或热水解法得到的产物，以及工农业副产品水解得到的氨基酸、多肽、蛋白混合物以及一些含氮化合物（如甜菜碱、多胺、非蛋白氨基酸）。植物根部通过吸收和转运蛋白质水解的氨基酸和小肽，调节植物的新陈代谢和生理生化反应，促进种子萌发与根系发育，增强营养物质吸收，提高植物的抗逆性进而提高农作物的产量。

◇几丁质

是海洋甲壳动物的外壳和许多真菌细胞壁的组成部分，是由 N- 乙酰氨基葡萄糖通过 β-1,4- 糖苷键连接形成的线性多聚糖。壳聚糖是几丁质的脱乙酰化的产物，而壳寡糖是壳聚糖的降解产物。几丁质、壳聚糖及其衍生物作为生物刺激素，可通过增加植物细胞渗透性来提高营养物质吸收，促进根系发育、提高植物光合作用、调节作物生长和诱导植物抗病性。另外，壳聚糖还能抑制土壤中病原菌的生长，同时可有效地改善土壤团粒结构，进而提高作物的产量和品质。

◇微生物菌剂

是指一类富含特定微生物活体的有益真菌和细菌，可通过其所含微生物的生命活动，增加植物养分的供应量或促进植物生长，提高产量，改善农产品品质及农业生态环境。微生物菌剂的施入可使土壤中微生物量显著增加，而增加的这些微生物的活动又可以促进土壤酶活性的增强并且可以使土壤难溶性矿物养分得到分解并释放，与此同时，这些微生物还能分泌植物刺激素，从而促进作物生长。另外，有益细菌能在作物根系周围形成优势种群，抑制或拮抗有害病原菌的生长繁殖，减轻作物发生病害的程度。

◇螯合微量元素

包含了铁、硼、锰、铜、锌、钼等多种元素，微量元素在作物体内含量虽少，但它对植物的生长发育起着至关重要的作用，是植物体内酶或辅酶的组成部分，具有很强的专一性，是作物生长发育不可缺少的和不可相互代替的。当植物缺乏任何一种微量元素的时候，生长发育都会受到抑制，导致减产和品质下降。当植物在微量元素充足的情况下，生理机能就会十分旺盛，这有利于作物对大量元素的吸收利用，还可改善细胞原生质的胶体化学性质，从而使原生质的浓度增加，增强作物对不良环境的抗逆性。

技术指标见表 6-5 至表 6-8，包装标识见图 6-8 至图 6-11。

表 6–5　复合肥料的技术指标　%

项目			指标		
			高浓度	中浓度	低浓度
总养分[a]（$N+P_2O_5+K_2O$）的质量分数		≥	40.0	30.0	25.0
水溶性磷占有效磷的质量分数[b]		≥	60	50	40
硝态氮的质量分数[c]		≥	1.5		
水分[d]（H_2O）的质量分数		≤	2.0	2.5	5.0
粒度[e]（1.00 ～ 4.75 mm 或 3.35 ～ 5.60 mm）		≥	90	90	90
氯离子的质量分数[f]	未标“含氯”产品	≤	3.0		
	标识“含氯（低氯）”产品	≤	15.0		
	标识“含氯（中氯）”产品	≤	30.0		
单一中量元素质量分数[g]（以单质计）	有效钙	≥	1.0		
	有效镁	≥	1.0		
	总硫	≥	2.0		
单一微量元素质量分数[h]（以单质计）		≥	0.02		

[a] 组成产品的单一养分含量不应小于 4.0%，且单一养分测定值与标明值负偏差的绝对值不应大于 1.5%。

[b] 以钙镁磷肥等枸溶性磷肥为基础磷肥并在包装容器上注明为“枸溶性磷”时，“水溶性磷占有效磷百分率”项目不做检验和判定，若为氮、钾二元肥料，“水溶性磷占有效磷百分率”项目不做检验和判定。

[c] 包装容器上标明“含硝态氮”时检测本项目。

[d] 水分以生产企业出厂检测数据为准。

[e] 特殊形状或更大颗粒（粉状除外）产品的粒度可由供需双方协议确定。

[f] 氯离子的质量分数大于 30.0% 的产品，应在包装容器上标明“含氯（高氯）”，标识“含氯（高氯）”的产品氯离子的质量分数可不做检验和判定。

[g] 包装容器上标明含钙、镁、硫时检测本项目。

[h] 包装容器上标明含铜、铁、锰、锌、硼、钼时检测本项目，钼元素的质量分数不高于 0.5%。

来源：《复合肥料》（GB/T 15063—2020）

表 6–6　海藻酸类复合肥料产品行业标准技术指标　%

项目		指标
海藻酸的质量分数	≥	0.05
氨挥发抑制率[a]	≥	5

[a] 不含尿素的复合肥料产品不检测该项指标。

来源：《海藻酸类肥料》（HG/T 5050—2016）

表 6–7　腐植酸复合肥料产品行业标准技术指标　%

项目			指标		
			高浓度	中浓度	低浓度
总养分（$N+P_2O_5+K_2O$）的质量分数[a]		≥	40.0	30.0	25.0
水溶性磷占有效磷的质量分数[b]		≥	60.0	50.0	40.0
活化腐植酸质量分数		≥	1.0	2.0	3.0
总腐植酸含量质量分数		≥	2.0	4.0	6.0
水分（H_2O）质量分数[c]		≤	2.0	2.5	5.0
粒度（1.00 ～ 4.75 mm 或 3.35 ～ 5.60 mm）		≥	90.0		
氯离子的质量分数[e]	未标“含氯”的产品	≤	3.0		
	标识“含氯（低氯）”的产品	≤	15.0		
	标识“含氯（中氯）”的产品	≤	30.0		

[a] 标明的单一养分含量不得低于 4.0%，而且单一养分测定值与标明值负偏差的绝对值不得大于 1.5%。

[b] 以钙镁磷肥等枸溶性磷肥为基础磷肥并在包装容器上注明为“枸溶性磷”时，“水溶性磷占有效磷百分率”项目不做检验和判定。若为氮、钾二元肥料，“水溶性磷占有效磷百分率”项目不做检验和判定。

[c] 水分以出厂检验数据为准。

[d] 当用户对粒度有特殊要求时，可由供需双方协议确定。

[e] 氯离子的质量分数大于 30% 的产品，应在包装袋上标明“含氯（高氯）”，标识“含氯（高氯）”的产品氯离子质量分数可不做检验和判定。

来源：《腐植酸复合肥料》（HG/T 5046—2016）

表 6-8　含螯合微量元素复混肥料（复合肥料）技术指标

项目		指标
螯合态微量元素总量[a]/（mg/kg）	≥	150
砷及其化合物的质量分数（以 As 计）[b]/%	≤	0.0050
镉及其化合物的质量分数（以 Cd 计）[b]/%	≤	0.0010
铅及其化合物的质量分数（以 Pb 计）[b]/%	≤	0.0200
铬及其化合物的质量分数（以 Cr 计）[b]/%	≤	0.0500
汞及其化合物的质量分数（以 Hg 计）[b]/%	≤	0.0005
缩二脲的质量分数 /%	≤	供需双方约定值

[a] 螯合态微量元素总量测定值与标明值的负相对偏差的绝对值不大于 30 %。
[b] 单一螯合态微量元素含量的测定值与标明值的负相对偏差的绝对值不大于 30 %。

来源：《含螯合微量元素复混肥料（复合肥料）》（HG/T 5331—2018）

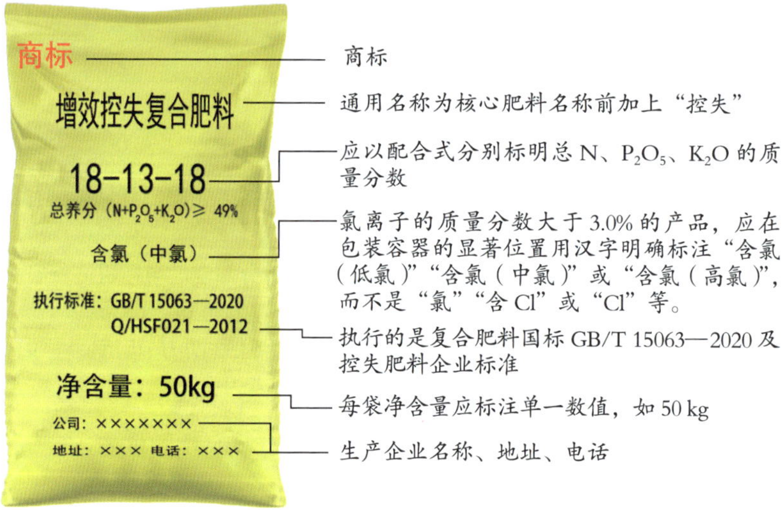

图 6-8　增效控失复合肥产品包装标识及说明

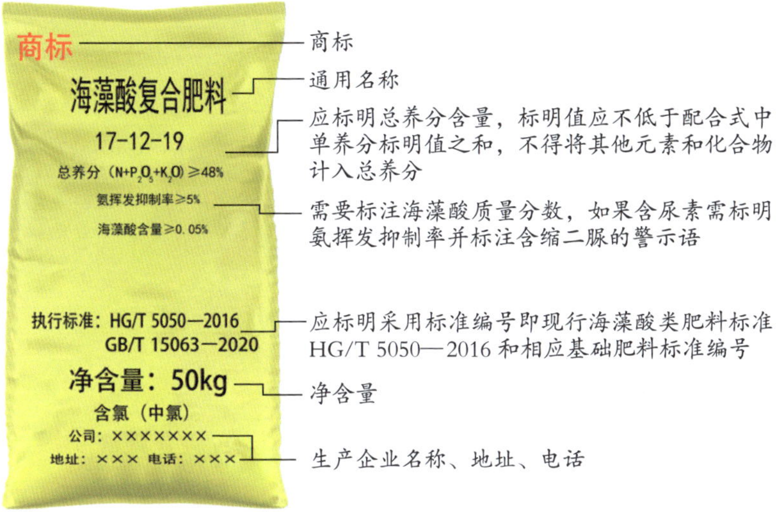

图 6-9　海藻酸复合肥产品包装标识及说明

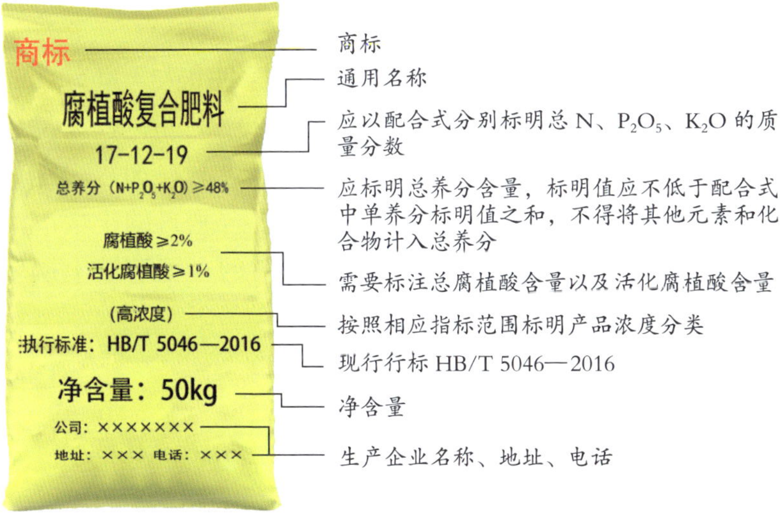

图 6-10　腐植酸复合肥产品包装标识及说明

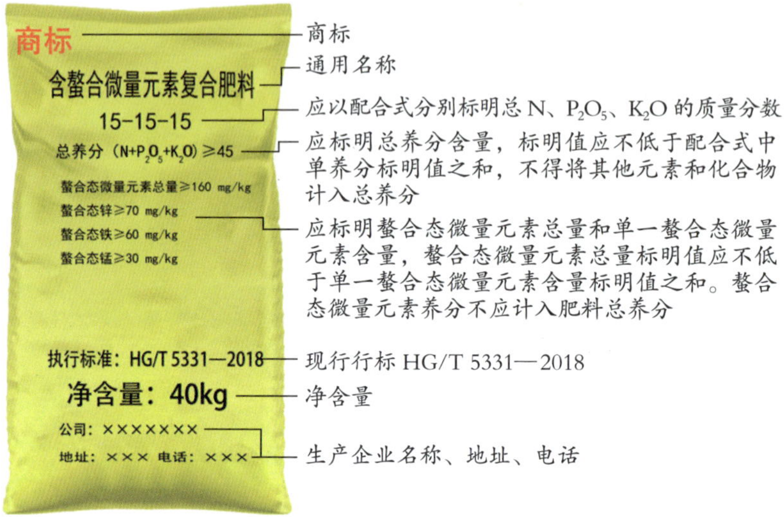

图 6-11　含螯合微量元素复合肥料产品包装标识及说明

◆简单识别方法

增效类复合肥料整体同复合肥料差别不大，部分产品可根据原料颜色和添加量不同进行区分。例如，控失复合肥料鉴别中，将普通复合肥料和控失复合肥料加入一定量的土壤混合后，再加入水，加有普通复合肥料的土壤溶液搅拌后呈现浑浊，而加了控失复合肥料的土壤溶液上层较清澈，下层沉淀聚集。

6.5 掺混肥料

◆定义　掺混肥料是指氮、磷、钾三种养分中至少有两种养分标明量的由干混方法制成的颗粒状肥料。其中有单一原料，也有基础原料，主要是尿素、氯化铵、硝酸铵、硫酸铵、重过磷酸钙、磷酸一铵和磷酸二铵以及氯化钾等干燥、坚硬的颗粒。

◆肥料颗粒性状　全部为颗粒状，并且颗粒大小基本一致（图 6-12）。颗粒粒径 2.00 ～ 4.75 mm。产品总养分≥ 35.0 %。

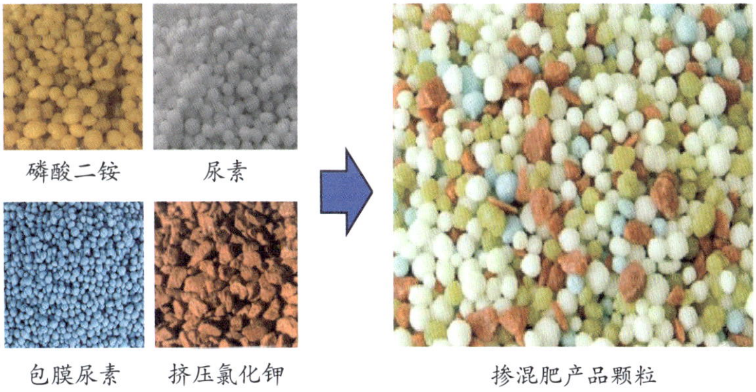

图 6-12　掺混肥料颗粒

◆适用作物及用法　可广泛适用于水稻、棉花、油菜、小麦、花生、玉米、大豆等多种作物。适宜作基肥，也可作追肥，作追肥施用时要提前 3 ～ 5 d。可采用条施、穴施或机械施肥等多种方法，施用前需摇匀。具体施用时，可根据当地土壤肥力状况、作物营养特性和目标产量，在当地农技部门的指导下合理施用。

技术指标见表 6–9，包装标识见图 6–13。

表 6–9　掺混肥料产品标准技术指标 %

项目			指标
总养分[a]（$N+P_2O_5+K_2O$）的质量分数		≥	35.0
水溶性磷占有效磷的质量分数[b]		≥	60
水分（H_2O）的质量分数		≤	2.0
粒度（2.00 ～ 4.75 mm）		≥	90
氯离子的质量分数[c]	未标“含氯”产品	≤	3.0
	标识“含氯（低氯）”产品	≤	15.0
	标识“含氯（中氯）”产品	≤	30.0
单一中量元素[d]（以单质计）质量分数	有效钙（Ca）	≥	1.0
	有效镁（Mg）	≥	1.0
	总硫（S）	≥	2.0
单一微量元素[e]（以单质计）质量分数		≥	0.02

[a] 组成产品的单一养分含量不应小于 4.0%，且单一养分测定值与标明值负偏差的绝对值不应大于 1.5%。
[b] 以钙镁磷肥等枸溶性磷肥为基础磷肥并在包装容器上注明为“枸溶性磷”时，“水溶性磷占有效磷百分率”项目不做检测和判定。若为氮、钾二元肥料，“水溶性磷占有效磷百分率”项目不做检测和判定。
[c] 氯离子的质量分数大于 30.0% 的产品，应在包装容器上标明“含氯（高氯）”，标明“含氯（高氯）”的产品氯离子的质量分数可不做检验和判定。
[d] 包装容器上标明含有钙、镁、硫时检验本项目。
[e] 包装容器上标明含铜、铁、锰、锌、硼、钼时检测本项目，钼元素的质量分数不高于 0.5%。

来源：《掺混肥料》（GB/T 21633—2020）

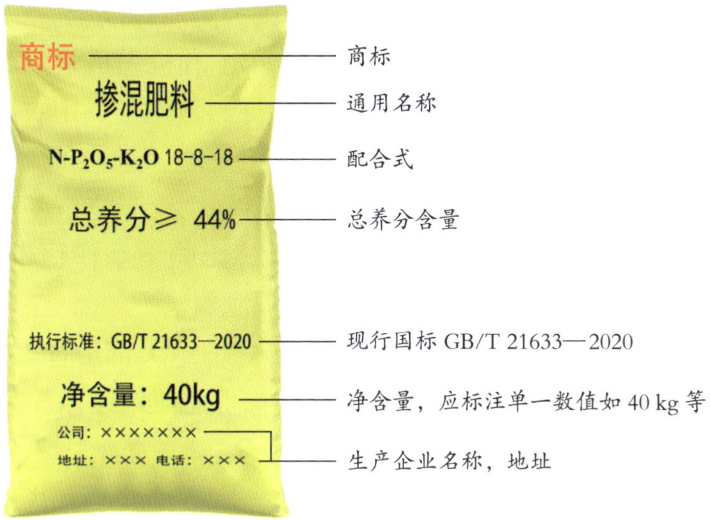

图 6-13　掺混肥料产品包装标识及说明

◆简单识别方法

一看：先看肥料是否双层包装，三证（生产许可证、肥料登记证、产品合格证）是否齐全有效。再看外包装袋上是否标明商标、号码、标准号、总养分含量、生产企业的名称和地址，最后看内包装袋内肥料颗粒是否一致，无大硬块，粉末较少。

二摸：国家标准规定掺混肥料的水分含量应小于或等于 2%，如果水分含量超过这个指标，抓在手中的感觉一是黏手，二是可以捏成饼状，必然会使肥料颗粒抗压强度降低。用手抓半把掺混肥搓揉，手上留有一层灰白色粉末并有黏着感的为质量优良。

三烧：火中烧灼，有氨臭味说明含有氮，出现黄色火焰表明含有钾。氨臭味越浓，黄色火焰越黄，表明氮、钾含量越高，即为优质掺混肥；反之则为劣质掺混肥。

四闻：掺混肥料一般来说无异味（有机无机复混肥料除外），如果具有异味，是由于基础原料氮肥主要用农用碳铵，或是基础原料中含有毒物质三氯乙醛（酸）的磷肥。三氯乙醛（酸）有毒物质进入农田后轻则引起烧苗，重则使农作物绝收，而且毒性残留期长，影响下季作物生长，因此，农民最好不要买有异味的掺混肥料。

五溶：优质掺混肥料水溶性较好，绝大部分能溶解，即使有少量沉淀也较细小。而劣质掺混肥难溶于水，残渣粗糙而坚硬。

六尝：因市场上钾肥相对较缺，价格较高，有些不法厂商用红砖粉碎后充当钾肥。在购买时农民朋友可以尝一尝红色颗粒，氯化钾有咸味，而红砖颗粒则没有咸味。

6.6 配方肥

◆**定义**　以田间试验和土壤测试为基础，根据不同作物的营养需求、土壤养分含量及供肥特点，在合理施用有机肥料的基础上，以各种化肥为主要原料，有针对性地添加适量中、微量元素或有机肥料，采用掺混或造粒等工艺加工而成，是具有作物针对性和地域性的专用肥料。

◆**物理化学特征**　呈粉状或颗粒均匀混合物，疏松，无机械杂质，无恶臭（图 6-14）。

◆**适用作物及用法** 不同的配方肥适用不同的作物，配方肥具有专一性，产品针对性强，特定适用某一地区的某种作物。按照包装所述内容，确定具体的施用量及施用时期，施用时注意检查产品使用地，购买符合本地土壤养分状况的配方肥产品。配方肥是一套综合性的技术体系，以确定不同养分的施用量为主要内容，考虑良种选用、耕作制度、气候等多种因素，以求发挥肥料的最大增产效益。

图 6-14 配方肥产品颗粒

技术指标见表 6–10，包装标识见图 6–15。

表 6–10 配方肥产品标准技术指标要求 %

项目		指标		
总养分的质量分数	≥	25.0		
N 占总养分的质量分数		高肥力土壤	中肥力土壤	低肥力土壤
		0 ～ 50	0 ～ 60	0 ～ 70
P_2O_5 占总养分的质量分数		0 ～ 60		
K_2O 占总养分的质量分数		0 ～ 60		
水分（H_2O）的质量分数	≤	6.0		
氯离子（Cl^-）的质量分数	≤	3.0		

续表 6-10

项目	指标
注： 1. 总养分是指 $N+P_2O_5+K_2O$ 或 $N+P_2O_5$ 或 $P_2O_5+K_2O$ 的总和，组成产品的单一大量元素养分 N、P_2O_5 或 K_2O 含量低于 1.0% 的不得标注和计算总养分含量。 2. 允许添加微量元素，单一微量元素养分含量 Fe、Mn、Cu、Zn、B 低于 0.2% 的，Mo 低于 0.01% 的不得在标签中标注和计算微量元素养分总养分含量。 3. 单一养分测定值与标明值负偏差的绝对值不大于 1.5%。 4. 如产品氯离子含量大于 3.0%，应在包装容器上标明“含氯”，可不检验该项目，包装容器未标明“含氯”时，必须检验氯离子含量。 5. 配方肥料的配方应适合特定区域和特定作物的需求，应在包装容器上标明适宜区域和适宜作物。	

来源：《配方肥料》（NY/T 1112—2006）

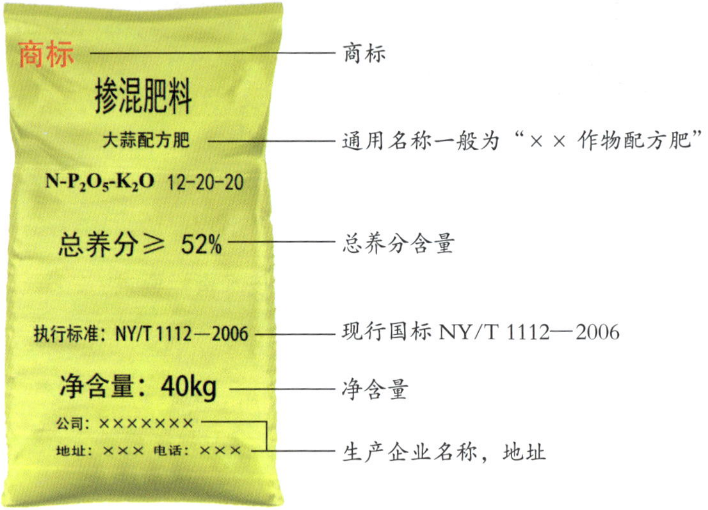

图 6-15　掺混肥料产品包装标识及说明

◆简单识别方法

（1）检查产品包装中是否标明适宜作物、适宜区域，购买符合本地使用的产品。

（2）检查产品包装袋是否标明执行标准等信息。

（3）观察产品是否质地均匀或疏松、无机械杂质、无恶臭。

7 水溶肥产品选购指南

水溶肥，也称为水溶性肥料，是一种可以在水中完全溶解的肥料形式。水溶肥料通常用于灌溉系统、喷雾系统等供水方式，通过灌溉水将溶解的营养输送到植物根部。

7.1 水溶肥料概述

◆**定义**　水溶肥料是指经过水溶解或稀释，用于灌溉施肥、叶面施肥、无土栽培、浸种蘸根等用途的液体或固体肥料。因为水溶性肥料具有施用方法简单、使用方便等特点，因此在全世界得到了广泛的应用。在国外，被广泛用于温室中的蔬菜和花卉、各种果树以及大田作物的灌溉施肥，园林景观绿化植物的养护，高尔夫球场，甚至于家庭绿化植物的养护。一般水溶性肥料可以含有作物生长所需要的全部营养元素，如N、P、K、Ca、Mg、S以及微量元素等，其肥料利用率是常规复合化学肥料的2～3倍（在我国，普通复合肥料的肥料利用率仅为30%～40%）。水溶肥料是一种速效肥料，可以让种植者较快地看到肥料的效果，随时可以根据作物不同长势对肥料配方做出调整。总体来看，水溶肥产品具有以下特点：

（1）养分含量高，营养全面，杂质少　比如符合农业标准的大量元素水溶肥，至少含有两种以上大量元素，且大量元素含量≥50%，液体产品≥400 g/L，与传统复混肥料养分含量相比属于高品位，即养分含量高；农业标准大量元素水溶肥要求水不溶物含量≤1.0%，杂质少，在利用现代灌水设施如喷灌、滴灌时，由于杂质少，灌水设施的堵塞现象减少了。

水溶肥料具有复合化的特点，通常兼含中量或微量元素，在农业生产中可以通过施用水溶肥来满足作物对中、微量元素的需求。

（2）养分吸收快，针对性强，肥效高 水溶性肥料完全溶解于水中，以离子态存在，属于速效养分。无论是根部施用（水肥一体化）还是液面喷施均易被作物所吸收，养分直接进入植物体内参与各种新陈代谢合成有机物质，促进植物的生长发育。灌溉施肥和叶面施肥可以减少养分在土壤中的吸附固定以及淋溶损失，提高了肥料的利用效率。一般常规土壤施肥当季肥料利用率平均为30%～40%，而灌溉施肥肥料利用率可达到60%～70%，叶面喷施肥料利用率可高达80%～90%，因此水溶肥的肥料利用率差不多是常规复合肥料的2～3倍。

针对性强，是由于水溶肥配方灵活，能够满足现代施肥技术“四适”的要求，即适土壤、适作物、适时、适量。根据土壤的肥力水平、养分含量的多寡，根据作物不同生长时期需肥特性，及时补充作物缺少的养分，结合先进的灌水设施可以实现少量多次定量施肥，施肥方便，不受作物生育期的影响。特别是中、微量元素肥料的及时补充，可以减轻或消除作物的缺素症状，给作物提供最佳的营养条件，实现农产品的高产优质。

（3）与现代灌水设施相结合，实现水肥一体化 灌溉施肥或水肥一体化是将灌溉与施肥融为一体的农业新技术。就是利用管道滴灌或喷灌系统，将肥料溶于灌溉水中，灌水和施肥同时进行，实现水肥耦合，由过去的浇地变为浇苗，施肥也变成了“汤匙喂养（spoonfeeding）”，既减少了灌水量也减少了施肥量，同时还省工、省时，节约水肥资源，大大提高了水肥利用效率。

因为水溶性肥料完全溶于水，不会堵塞灌溉设备的过滤器和滴头，可保障灌溉系统的安全运行，是灌溉施肥系统的首选肥料。

（4）多功能化 多功能化主要体现在含氨基酸水溶性肥料和含腐植酸水溶性肥料。含氨基酸水溶性肥料中的氨基酸因为分子小，可以被植物器官直接吸收，参与植物体内的相关代谢和合成作用，可使叶绿素含量增加、叶片的功能期延长，光合作用提高，有利于干物质的形成和积累，使叶片增厚、叶面积加大，茎秆粗壮。因此，含氨基酸水溶性肥料具有促苗、发根、壮秧、抗逆、增产增优的作用。含氨基酸水溶肥在提高农产品品质方面表现在粮食蛋白质含量增加、棉花纤维长、果蔬口感好、花卉花期长、花色鲜艳等。

含腐植酸水溶性肥料具有改良土壤、对化肥增效和调节作物生长的作用。含腐植酸水溶肥施入土壤后最直接的作用是提高土壤有机质的含量，从而使土壤理化性质及生物学性质得以改善。如改善土壤的结构和孔隙状况、增加土壤保水能力、提高土壤阳离子交换量、提高土壤缓冲性能，使土壤四大肥力要素水、肥、气、热相互协调，土壤整体肥力全面提升。腐植酸的溶解能力、吸附能力以及螯合能力，有利于土壤保肥供肥，减少养分的固定和流失。此外，腐植酸含有生理活性较强的多种活性基团，能刺激植物的生长，提高作物体内的酶活性，调节新陈代谢，提高根系活力，增强植物的抗逆性能。含腐植酸水溶性肥料叶面喷施后，可使叶面气孔缩小，减少植物叶面的水分蒸腾，提高植物的抗旱能力。

水溶性肥料速效性强，施用量控制不好会造成土壤盐分积累，易烧苗或造成养分流失，污染水体。但是水溶性肥料具有以下诸多优点，市场前景看好。

◆**物理化学特征** 固态或液态，易溶于水，无刺鼻性气味。

◆**适用作物及用法** 水溶性肥料的施用方法十分简便，它可以随着灌溉水在喷灌、滴灌时施肥，既节约水，又节约肥料，而且还节约了劳动力，在劳动力成本日益高涨的今天，使用水溶性肥料的效益是显而易见的。水溶性肥料施用应注意以下几点：

（1）**正确选择肥料品种** 应根据土壤状况、作物需肥规律选择肥料类型。一般在基肥不足时，选用大量元素水溶肥；在基肥施用充足时，选用微量元素水溶肥料、含氨基酸水溶肥料、含腐植酸水溶肥料。

（2）**合理的施用方法** 可以叶面喷施、滴灌、喷灌和无土栽培等。

叶面喷施：把水溶肥料先行稀释溶解于水进行叶面喷施，通过叶面气孔进入植物内部，可以极大地提高肥料吸收利用效率。水溶肥料多用于叶面喷施，为提高喷施的效果，选择合理的喷施时间和部位非常重要。一般选择在9—11时和15—17时喷施，喷施部位应选择叶片的背面，一般7～10 d喷1次，连续3次。喷施应避免在阴雨、低温、高温或暴晒时进行。要随配随用，不能久存，长时间存放产生沉淀，会降低肥料有效性。

滴灌、喷灌和无土栽培：在一些沙漠地区或者极度缺水的地方，规模化种植的大农场，以及高品质高附加值经济作物种植园，人们往往用滴灌、喷灌和无土栽培技术来节约灌溉水并提高劳动生产效率，这叫做“水肥一体化”，即在灌溉的时候，肥料已经溶解在水中，浇水的同时也是施肥的过程，这时植物所需要的营养可以通过水溶性肥料来获得，既节约了用水和肥料，又节省了劳动力。

（3）合理的施用浓度 要掌握好施用浓度，浓度过低施用效果不明显，浓度过高会对作物产生危害，并且造成浪费。应根据产品使用说明书、肥料类型、作物种类、作物生长发育情况确定施用浓度。

（4）合理的施用时期 根据不同作物，选择关键的生长时期施用，以达到最佳效果。

需注意的是，作物生长苗期或遇干旱、霜冻等不良环境时应酌情减少用量，增大稀释倍数。叶面喷施应选择傍晚或阴天无风时进行。可与多种农药混合使用，但避免与强碱性农药混合作用。使用前，应取少量肥料与可能混用的物料、灌溉水等进行相容性检查。开封后应尽快使用。本品对区域及土壤无特殊要求，因各地作物、土壤、气候及施肥习惯不同，用户应结合实际确定适宜的施肥量、施肥方法及施肥时期。

◆分类 水溶性肥料按养分结构有广义和狭义之分。广义上的水溶肥包括传统的大量元素单质水溶肥（如尿素、氯化钾等）、水溶性复合肥料（磷酸一铵、磷酸二铵、硝酸钾、磷酸二氢钾等）、农业农村部行业标准规定的水溶肥料（大量元素水溶肥料、中量元素水溶肥料、微量元素水溶肥料、含腐植酸水溶肥料、含氨基酸水溶肥料）和有机水溶肥料等。狭义上的水溶性肥料是农业农村部行业标准规定的水溶肥料产品。

水溶性肥料按产品形态可分为固体产品和液体产品，其中固体产品可再细分为粉剂型和颗粒型，液体产品可再细分为清液型和悬浮型。液体型施用方便，与农药等混配性好，但运输贮存不便，对包装要求高。固体型养分含量较高，贮存运输方便，对包装要求不严。

◆合理施用要求

（1）**遵循少量多次的原则** 该原则符合植物根系不间断吸收养分的特点，减少一次性大量施肥造成的淋溶损失。少量多次施用是水溶肥料利用率高的最重要原因。

（2）**遵循养分平衡的原则** 特别在滴灌施肥条件下，根系生长密集、量大，这时对土壤的养分供应依赖性减小，更多依赖于通过滴灌提供的养分，对养分的合理比例和浓度有更高要求。如果配方不平衡，会影响作物生长。尤其在沙质土壤上会产生严重后果。

（3）**防止肥料烧伤叶片和根系** 特别是喷灌和微喷灌施肥，容易出现烧叶现象。大棚或温室长期用滴灌施肥，会造成地表盐分累积，影响根系生长。

（4）**避免过量灌溉** 一般使土层深度 20 ～ 40 cm 保持湿润即可。过量灌溉不但浪费水，还会使养分淋失到根层以下，浪费肥料，作物减产。特别是水溶肥料中的尿素、硝态氮肥（如硝酸钾、水溶性复合肥）极容易随水流失。同时，要了解灌溉水的硬度和酸碱度，避免产生沉淀，降低肥效。特别是对于盐碱土壤及石灰岩地区，磷酸钙盐沉淀非常普遍，是肥效降低的重要原因。因此，建议施肥之前先做小试验，主要是确定稀释倍数和溶液的酸碱度。

（5）完全水溶肥料通常只做追肥 强调基肥与追肥结合，有机与无机结合，水溶肥与常规肥结合。不要强调水溶肥代替其他肥，要配合使用，降低成本，发挥各种肥料优势。

◆**产品标准** 具体见《大量元素水溶肥料》（NY/T 1107—2020）、《中量元素水溶肥料》（NY 2266—2012）、《微量元素水溶肥料》（NY 1428—2010）、《含腐植酸水溶肥料》（NY 1106—2010）、《含氨基酸水溶肥料》（NY 1429—2010）、《有机水溶肥料 通用要求》（NY/T 3831—2021）。

◆**简单鉴别方法** 目前，我国含腐植酸水溶肥料、含氨基酸水溶肥料、有机水溶肥料实行的是农业农村部《肥料登记证管理办法》，一般都会在包装上注明适宜的作物，对于没有登记的作物需要有各地使用经验说明。正规厂家生产的水溶肥料的重金属离子含量都是低于国家标准的，并且在包装上有明显的标注。

鉴别水溶肥料的水溶性只需要把肥料溶解到清水中，看溶液是否清澈透明，如果除了肥料的颜色之外其他和清水一样，则水溶性很好；如果溶液有浑浊甚至有沉淀，水溶性就很差，不能用在滴灌系统，肥料的浪费也会比较多（图 7–1）。

还可以通过闻味道来鉴别水溶肥料的品质。好的水溶肥料都是用高纯度的原材料做出来的，没有任何异味。而有异味的肥料要么是添加了激素，要么是有害物质太多，这种肥料用起来见效很快，但对作物的抗病能力、持续的产量和品质没有任何好处。

图 7-1　水溶肥产品简单鉴别方法

7.2 大量元素水溶肥料

◆定义　以氮、磷、钾大量元素为主，至少包含两种大量元素，单一大量元素含量不低于 4.0% 或 40 g/L，按照适合植物生长所需比例，添加以铜、铁、锰、锌、硼、钼微量元素或钙、镁中量元素制成的液体或固体水溶肥料。主要成分为大量元素，固体产品大量元素养分含量≥ 50.0%，液体产品大量元素养分含量≥ 400 g/L，固体肥料极易溶于水，水不溶物含量≤ 1.0% 液体产品中水不溶物含量≤ 10 g/L，原料无杂质。

◆**物理化学特征**　固态或液态，易溶于水，无刺鼻性气味。

◆**施用方法**　大量元素水溶肥料是一种将多种元素融入的水溶性肥料，营养全面，可以为作物提供所需的营养元素，可用作基肥、追肥、冲施肥、叶面施肥、浸种蘸根以及灌溉施肥。叶面施肥，把肥料先按要求的倍数稀释溶解在水中，进行叶面喷施，也可以和非碱性农药一起施用；灌溉施肥，包括喷灌、滴灌、冲施等，原粉或原液直接冲施易造成施肥不均匀，出现烧苗伤根、苗小苗弱的现象。生产中一般采取二次稀释法，保证冲肥均匀，提高肥料利用率。在施肥过程中，严格掌握用量，大量元素水溶肥养分含量高、速效性强，严格按照肥料使用说明方法和用量进行使用，避免造成肥害。

技术指标见表 7–1，包装标识见图 7–2。

表 7–1　大量元素水溶肥料产品标准技术指标

项目		固体产品	液体产品
大量元素（$N+P_2O_5+K_2O$）的质量分数		≥ 50.0%	≥ 400 g/L
水不溶物的质量分数		≤ 1.0%	≤ 10 g/L
水分（H_2O）的质量分数		≤ 3.0%	—
缩二脲的质量分数		≤ 0.9%	
氯离子的质量分数	未标“含氯”的产品	≤ 3.0%	≤ 30 g/L
	标识“含氯”的产品	≤ 15.0%	≤ 150 g/L
	标识“含氯（中氯）”的产品	≤ 30.0%	≤ 300 g/L

来源：《大量元素水溶肥料》（NY/T 1107—2020）

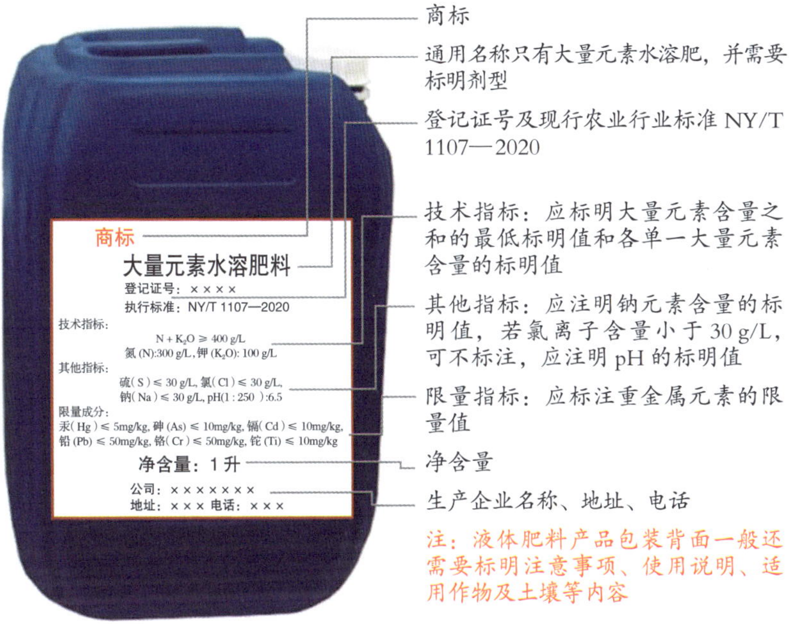

图 7-2 大量元素水溶肥料产品包装标识及说明

7.3 中量元素水溶肥料

◆**定义** 由钙、镁中量元素按照适合植物生长所需比例，或添加以适量铜、铁、锰、锌、硼、钼微量元素制成的液体或固体水溶肥料。要求液体产品 Ca ≥ 100 g/L，或者 Mg ≥ 100 g/L，或者 Ca+Mg ≥ 100 g/L。固体产品 Ca ≥ 10%，或者 Mg ≥ 10%，或者 Ca+Mg ≥ 10%。

◆**物理化学特征** 固态或液态，易溶于水，无刺鼻性气味。

◆**施用方法** 中量元素水溶肥料，一般用作基肥、追肥和叶面喷肥。基肥与化肥或有机肥混合撒施，或掺细沙后单独撒施；追肥采用沟施或随水冲施；叶面喷肥在作物不同生长期，根据不同肥料特性和产品要求浓度进行喷施。

技术指标见表 7-2，包装标识见图 7-3。

表 7-2 中量元素水溶肥料产品标准技术指标

项目	固体产品	液体产品
中量元素含量	≥ 10.0%	≥ 100 g/L
水不溶物含量	≤ 5.0%	≤ 50 g/L
水分（H_2O）含量	≤ 3.0%	—
pH（1：250 倍稀释）	3.0 ～ 9.0	

来源：《中量元素水溶肥料》（NY 2266—2012）

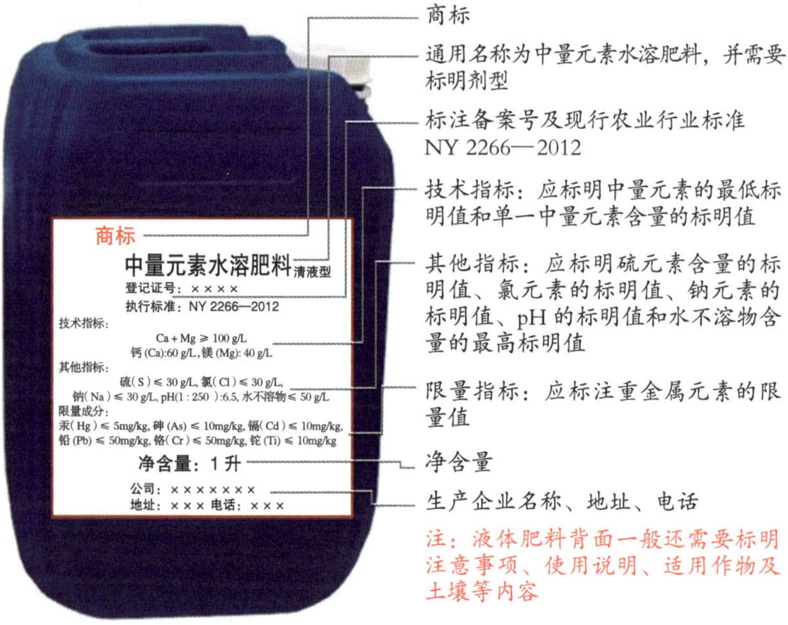

图 7-3 中量元素水溶肥料产品包装标识及说明

7.4 微量元素水溶肥料

◆定义　由铜、铁、锰、锌、硼、钼微量元素按照适合植物生长所需比例制成的液体或固体水溶肥料。已有强制性国家或行业标准的肥料（如硫酸铜、硫酸锌）和螯合态肥料（如 EDDHA-Fe），不适用于微量元素水溶肥料标准。

主要成分为微量元素，固体产品微量元素养分含量 ≥ 10.0%，液体产品微量元素养分含量 ≥ 100 g/L，固体肥料极易溶于水，水不溶物含量 ≤ 5.0%，液体产品水不溶物含量 ≤ 50 g/L，原料无杂质。

◆物理化学特征　固态或液态，易溶于水，无刺鼻性气味。

◆施用方法　微量元素水溶肥可用于基施、拌种、浸种以及叶面喷施等。拌种是用少量温水将微肥溶解，配成高浓度的溶液，喷洒在种子上，边喷边搅拌，阴干后播种；浸种是用含有微肥的水溶液浸泡种子，微肥的浓度为 0.01% ～ 0.1%，时间为 12 ～ 24 h，浸泡后及时播种，以免霉烂变质；叶面喷施为将可溶性微肥配成一定浓度的水溶液，对作物茎叶进行喷施，一般在作物不同生育时期喷一次；微量元素肥料一般与大量元素肥料配合施用，在满足植物对大量元素需要的前提下，施用微量元素肥料能充分发挥肥效，表现出明显的增产效果。

技术指标见表 7-3，包装标识见图 7-4。

表 7–3　微量元素水溶肥料产品标准技术指标

项目	固体产品	液体产品
微量元素含量	≥ 10.0%	≥ 100 g/L
水不溶物含量	≤ 5.0%	≤ 50 g/L
水分（H_2O）含量	≤ 6.0%	—
pH（1∶250 倍稀释）	3.0 ～ 10.0	

来源：《微量元素水溶肥料》（NY 1428—2010）

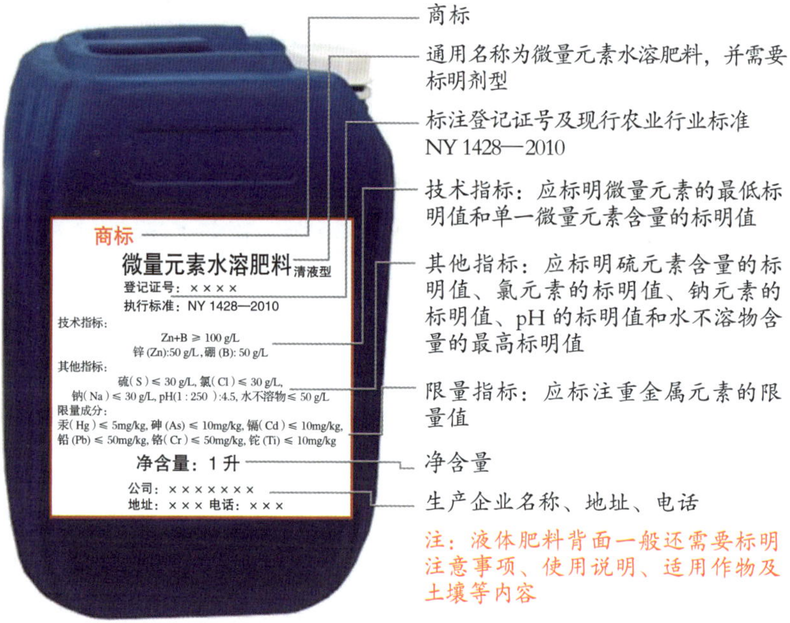

图 7-4　微量元素水溶肥料产品包装标识及说明

7.5 含腐植酸水溶肥料

含腐植酸水溶肥料是一种含腐植酸类物质的水溶肥料。以适合植物生长所需比例腐植酸，添加以适量氮、磷、钾大量元素或铜、铁、锰、锌、硼、钼微量元素制成的液体或固体水溶肥料，分为大量元素型和微量元素型。

◆**腐植酸原料** 大多是以矿物质源的腐植酸、腐植酸钾、腐植酸铵、腐植酸钠等为原料。

7.5.1 含腐植酸水溶肥料（大量元素型）

◆**定义** 适合植物生长所需比例的矿物源腐植酸中添加适量氮、磷、钾大量元素制成的液体或固体水溶肥料。

矿物质源腐植酸是一类由动植物残体等有机物经微生物分解转化和地球化学过程而形成的天然高分子有机物，从泥炭、褐煤、风化煤中提取，能刺激植物生长、改土培肥、提高养分有效性和作物抗逆能力。

主要成分为大量元素和腐植酸。固体产品大量元素含量≥ 20.0%，液体产品大量元素含量≥ 200 g/L；固体产品腐植酸含量≥ 3.0%，液体产品腐殖酸含量≥ 30 g/L，固体肥料极易溶于水，水不溶物含量≤ 5.0%，液体产品中水不溶物含量≤ 50 g/L，原料无杂质。

技术指标见表 7–4，包装标识见图 7–5。

表 7-4　含腐植酸水溶肥料产品（大量元素型）标准技术指标

项目	固体产品	液体产品
腐植酸含量	≥ 3.0%	≥ 30 g/L
大量元素（$N+P_2O_5+K_2O$）含量	≥ 20.0%	≥ 200 g/L
水不溶物含量	≤ 5.0%	≤ 50 g/L
水分（H_2O）的质量分数	≤ 5.0%	—
pH（1∶250 倍稀释）	4.0 ～ 10.0	

来源：《含腐植酸水溶肥料》（NY 1106—2010）

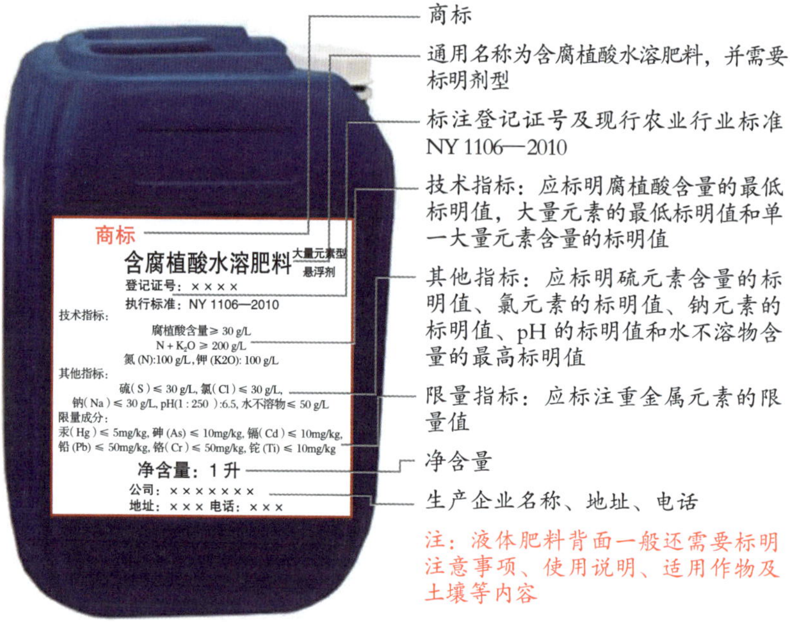

图 7-5　含腐植酸水溶肥料（大量元素型）产品包装标识及说明

7.5.2　含腐植酸水溶肥料（微量元素型）

◆**定义**　腐植酸原料明确规定必须是“矿物源腐植酸”，通过适合植物生长所需比例的矿物源腐植酸中添加适量铜、铁、锰、锌、硼、钼等微量元素而制成的固体水溶肥料（微量元素型只有固体剂型）。主要成分为微量元素和腐植酸，微量元素养分含量≥6%，腐植酸养分含量≥3%，固体肥料极易溶于水，水不溶物含量≤5.0%，水分含量≤5.0%，原料无杂质。

技术指标见表7–5。

表7–5　含腐植酸水溶肥料产品（微量元素型）标准技术指标

项目	指标
腐植酸的质量分数	≥3.0%
微量元素（Cu+Fe+Mn+Zn+B+Mo）的质量分数	≥6.0%
水不溶物的质量分数	≤5.0%
水分（H_2O）的质量分数	≤5.0%
pH（1∶250倍稀释）	4.0～10.0

来源：《含腐植酸水溶肥料》（NY 1106—2010）

◆**施用方法**　含腐植酸肥料使用范围广，可用于蔬菜、瓜果、茶叶、棉花、水稻、小麦等各种粮食作物和经济作物，也可用作园林、苗圃、花卉、草坪等的专用肥。

含腐植酸水溶肥料主要用于基肥、拌肥、追肥、叶面喷肥、浸种以及蘸根等。

（1）作基肥　固体腐植酸肥料作基肥，可与农家肥料混合在一起施用，沟施或穴施均可。

（2）作追肥　在作物幼苗期和抽穗期前，浇灌在作物根系附近。水田可随灌水时施用或水面泼施，能起到提苗、壮苗、促进生长发育等作用。追肥的时候，一定要按照书上的用量使用，浓度过高，会造成浪费，浓度过低，起不到应有的效果。对于芹菜、菠菜等叶菜类的蔬菜，一般在苗期追肥 1 ～ 2 次就可以了；而对于黄瓜、番茄、茄子等连续收获的果菜，整个生育期都可以用，有利于提高产量和品质。

（3）**叶面喷施** 一般在作物整个生育期都可以用，但含腐植酸水溶肥料以叶面喷施较少，主要原因是施入土壤中更能发挥它改土的效果。

（4）**浸种** 用稀释液浸泡种子 5 ～ 8 h。

（5）**蘸根** 一般移栽前用稀释溶液，浸根数小时后定植。

7.6 含氨基酸水溶肥料

◆**定义** 以游离氨基酸为主体，按植物生长所需比例，添加以铜、铁、锰、锌、硼、钼微量元素或钙、镁中量元素制成的液体或固体水溶肥料产品，分为中量元素型和微量元素型。

氨基酸的原料资源广泛，畜禽屠宰场下脚料（废弃的碎肉、皮毛、蹄角、血液等），制革厂的碎皮下脚料、人发渣、油脂加工的饼粕、海产品加工含蛋白质的下脚料、味精厂的废液、淀粉厂的蛋白粉、绿肥作物（如紫云英、沙打旺、毛叶苕子等），含粗蛋白质在 20% 以上的物料，均可作为氨基酸的生产原料。

◆**施用方法** 主要用于叶面施肥和灌溉施肥，也可用于浸种、拌种和蘸根。叶面喷肥，一般在作物全生育期喷施 2～3 次；浸种，一般在稀释液中浸泡 6 h 左右，取出晾干后播种；拌种，将肥料用水稀释后均匀喷洒在种子表面，放置 6 h 后播种。

7.6.1 含氨基酸水溶肥料（中量元素型）

◆定义　指以游离氨基酸为主体的，按适合植物生长所需比例添加适量钙、镁中微量元素而制成的液体或固体水溶肥料。

主要成分为中量元素和游离氨基酸，固体产品中量元素含量≥ 3.0%，液体产品中量元素含量≥ 30 g/L；固体产品游离氨基酸含量≥ 10.0%，液体产品游离氨基酸含量≥ 100 g/L；固体肥料极易溶于水，水不溶物含量≤ 5.0%，液体产品水不溶物含量≤ 50 g/L，原料无杂质。

技术指标见表 7–6，包装标识见图 7–6。

表 7–6　含氨基酸水溶肥料（中量元素型）产品标准技术指标

项目	固体产品	液体产品
游离氨基酸含量	≥ 10.0%	≥ 100 g/L
中量元素含量	≥ 3.0%	≥ 30 g/L
水不溶物含量	≤ 5.0%	≤ 50 g/L
水分（H_2O）含量	≤ 4.0%	—
pH（1∶250 倍稀释）	3.0～9.0	

来源：《含氨基酸水溶肥料》（NY 1429—2010）

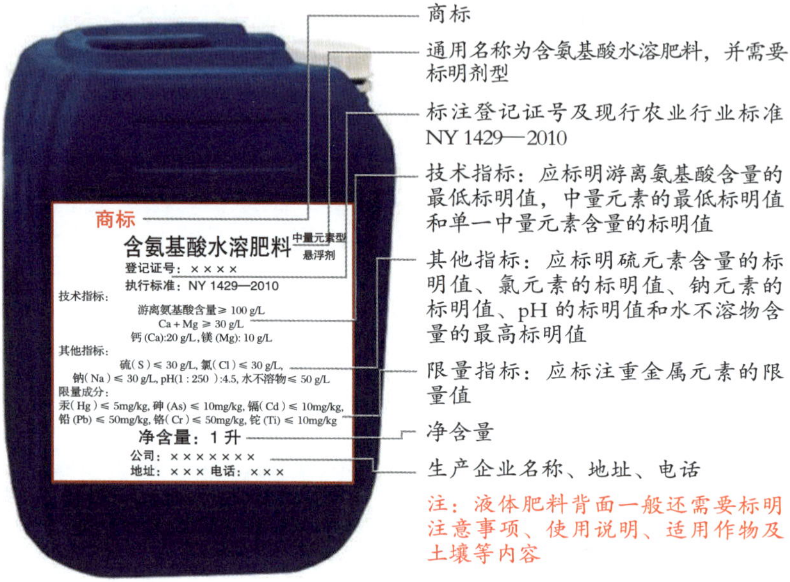

图 7-6　含氨基酸水溶肥料（中量元素型）产品包装标识及说明

7.6.2　含氨基酸水溶肥料（微量元素型）

◆**定义**　指以游离氨基酸为主体的，按适合植物生长所需比例添加适量铜、铁、锰、锌、硼、钼等微量元素而制成的液体或固体水溶肥料。

主要成分为微量元素和游离氨基酸，固体产品微量元素含量≥ 2.0%，液体产品微量元素含量≥ 20 g/L；固体产品游离氨基酸含量≥ 10.0%，液体产品游离氨基酸≥ 100 g/L；固体肥料极易溶于水，水不溶物含量≤ 5.0%，液体产品水不溶物含量≤ 50 g/L，原料无杂质。

技术指标见表 7-7，包装标识见图 7-7。

表 7-7　含氨基酸水溶肥料（微量元素型）产品标准技术指标

项目	固体产品	液体产品
游离氨基酸含量	≥ 10.0%	≥ 100 g/L
微量元素含量	≥ 2.0%	≥ 20 g/L
水不溶物含量	≤ 5.0%	≤ 50 g/L
水分（H_2O）含量	≤ 4.0%	—
pH（1∶250 倍稀释）	3.0 ～ 9.0	

来源：《含氨基酸水溶肥料》（NY 1429—2010）

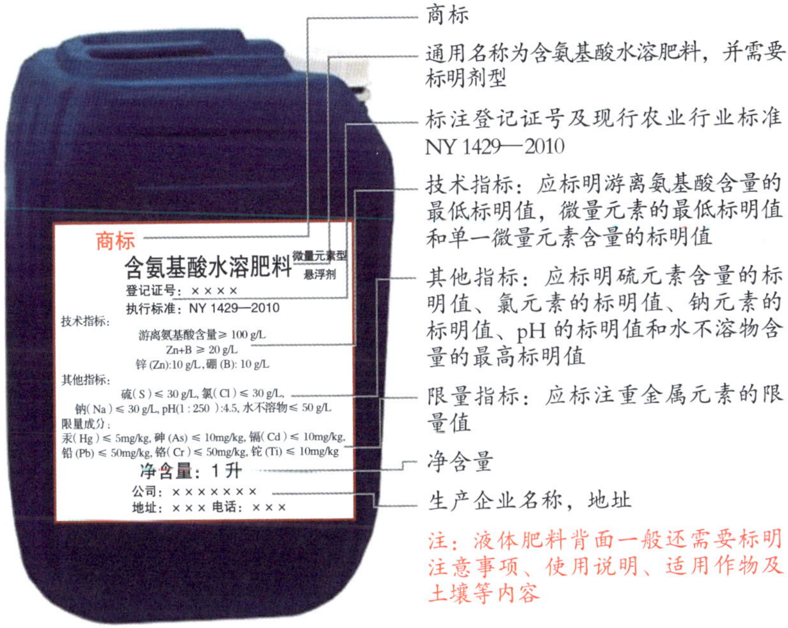

图 7-7　含氨基酸水溶肥料（微量元素型）产品包装标识及说明

7.7 有机水溶肥料

◆定义　以有机质为主，配以大量、中量、微量营养元素的液体或固体水溶肥料。目前制定的农业行业标准为《有机水溶肥料　通用要求》（NY/T 3831—2021），对有机水溶肥的种类进行了界定，但没有养分相关指标的界定。因此市面上常执行企业自定且备案的企业标准，同时要获得农业部评审后通过的登记证。

有机质原料有褐藻、糖蜜、虾蟹壳、低值鱼、浒苔、聚天冬氨酸、聚谷氨酸、酵母浓缩液等，其中褐藻类约占50%，其次是糖蜜、虾蟹壳等。

以下案例以四川璟潇生物科技有限公司企业标准Q/SCJX02—2023为例说明。主要成分为有机质，固体产品有机质养分含量≥ 12%，液体产品有机质养分含量≥ 120 g/L；固体产品大量元素含量≥ 20%，液体产品有机质养分含量≥ 200 g/L，固体肥料极易溶于水，水不溶物含量≤ 5.0%，液体产品水不溶物含量≤ 50 g/L，原料无杂质。

技术指标见表7–8，包装标识见图7–8。

表 7–8　有机水溶肥料产品标准技术指标

项目	固体产品	液体产品
有机质含量	≥ 12%	120 g/L
大量元素	≥ 20%	200 g/L
水不溶物的含量	≤ 5.0%	≤ 50 g/L

来源：四川璟潇生物科技有限公司企业标准（Q/SCJX02—2023）

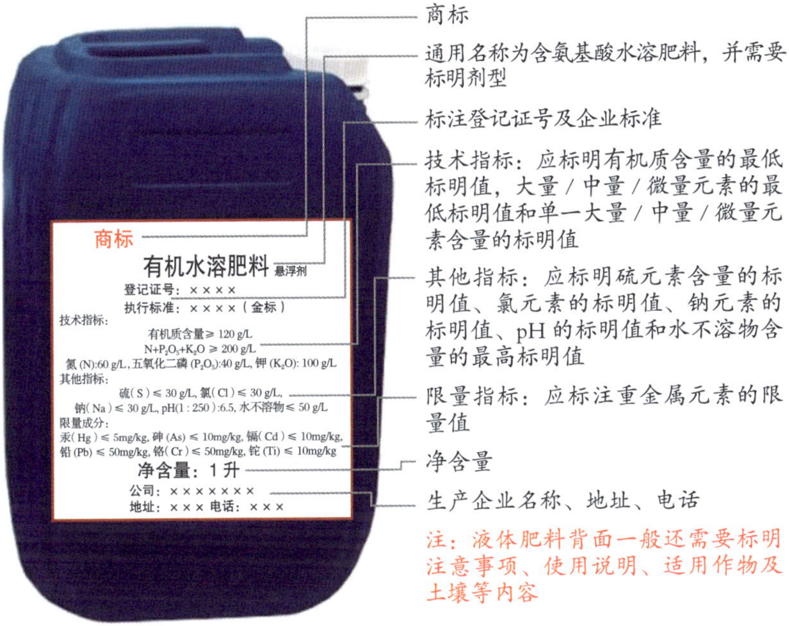

图 7-8　有机水溶肥料产品包装标识及说明

8 微生物肥料产品选购指南

微生物肥料是一种包含有益微生物（如细菌、真菌、放线菌等）的肥料，旨在通过这些微生物的作用来促进植物生长、增加土壤肥力和改善土壤生态系统。这些微生物可以与植物根系建立共生关系，从而提供多种益处，如增强植物养分吸收、提高抗逆性、抑制有害病原体的生长等。

8.1 微生物菌剂

◆**定义** 目标微生物（有效菌）经过工业化生产扩繁后加工制成的活菌制剂。

◆**物理化学特征** 它由一种或一种以上互不拮抗的微生物制成，且特定目标微生物活菌数达到《农用微生物菌剂》（GB 20287—2006）标准要求，产品可以是液体、固体粉剂或颗粒，粉剂要求松散，颗粒无明显机械杂质，大小均匀，具有吸水性（图 8-1）。

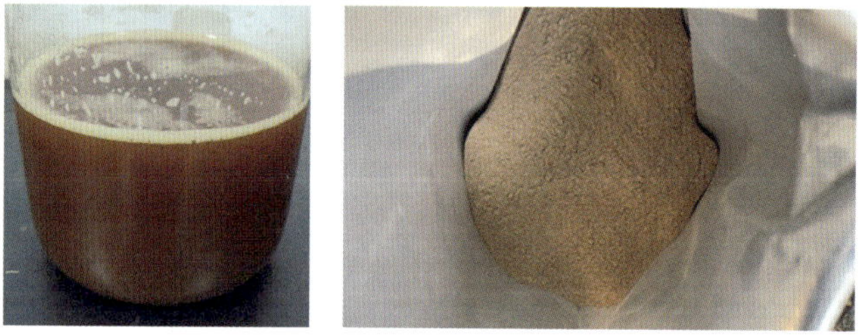

图 8-1 微生物菌剂产品展示

◆**产品特点** 应用于农业生产，具有直接或间接改良土壤、恢复地力，维持根际微生物区系平衡，降解有毒、有害物质等作用，通过其中所含微生物的生命活动，增加植物养分的供应量或促进植物生长、改善农产品品质及农业生态环境。应避免在炎热高温天气施用，施用时伴随浇水，产品随用随买，存放在阴凉干燥、通风处，开口后应一次用完，避免杂菌侵入污染有益菌，严禁和杀菌剂、杀虫剂、除草剂和含硫化肥（硫酸钾等）及草木灰混合施用，尽量减少和化肥混合施用。

技术指标见表 8-1，包装标识见图 8-2。

表 8-1 农用微生物菌剂产品技术指标

项目		剂型		
		液体	粉剂	颗粒
有效活菌数（CFU）[a]/（亿 /g 或亿 /mL）	≥	2.0	2.0	1.0
霉菌杂菌数 /（/g 或 /mL）	≤	3.0×10^6	3.0×10^6	3.0×10^6
杂菌率 /%	≤	10.0	20.0	30.0
水分质量分数 /%	≤	—	35.0	20.0
细度（通过 0.25 mm 试验筛）/%	≥	—	80	80
pH		5.0 ～ 8.0	5.5 ～ 8.5	5.5 ～ 8.5
保质期 [b]/ 月	≥	3	6	

[a] 复合菌剂，每一种有效菌的数量不得少于 0.01 亿 /g 或 0.01 亿 /mL；以单一的胶质芽孢杆菌（*Bacillus mucila*）制成的粉剂产品中有效活菌不少于 1.2 亿 /g。
[b] 此项仅在监督部门或仲裁双方认为有必要时检测。

来源：《农用微生物菌剂》（GB 20287—2006）

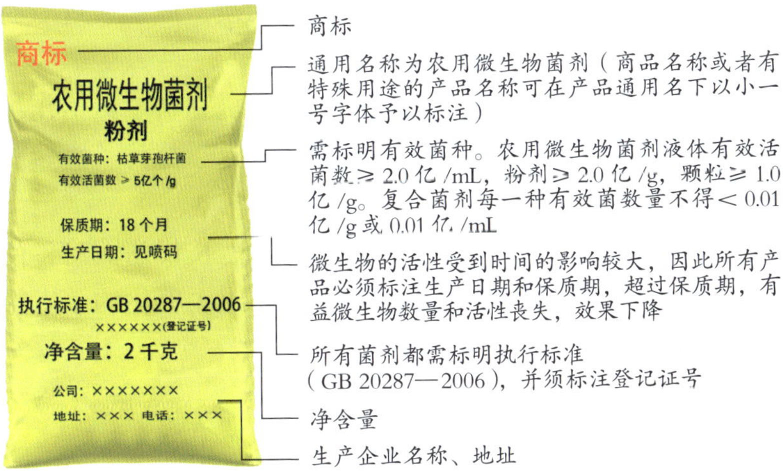

图 8-2 农用微生物菌剂产品包装标识及说明

目前市场上常见的微生物菌剂包括以下几种类别：

◆**根瘤菌菌剂**　以根瘤菌为生产菌种制成的微生物接种剂，能与豆科植物共生，形成根瘤，并进行生物固氮的一类革兰氏阴性杆菌。

◆**固氮菌菌剂**　以自身固氮菌和/（或）联合固氮菌为生产菌种制成的微生物接种剂，具有生物固氮功能。

◆**溶磷微生物菌剂**　以溶磷微生物为生产菌种制成的微生物接种剂，能分解有机磷化合物或溶解无机磷化合物。

◆**硅酸盐微生物菌剂**　以硅酸盐细菌为生产菌种制成的微生物接种剂，能分解硅铝酸盐矿物，释放钾素营养。

◆**光合细菌菌剂**　以光合细菌为生产菌种制成的微生物接种剂，能利用光能进行细胞代谢活动。

◆**菌根菌剂**　以菌根真菌为生产菌种制成的微生物接种剂，能与植物根系共生形成菌根。

◆**促生菌剂**　以植物促生根圈微生物为生产菌种制成的微生物接种剂，能够产生植物生长物质，或是通过对有害微生物的抑制促进植物生长。

◆**有机物料腐熟剂**　能加速各种有机物料（包括作物秸秆、畜禽粪便、生活垃圾及城市污泥等）分解、腐熟的微生物接种剂。

◆**生物修复菌剂**　能通过微生物的生长代谢活动，使环境中的有害物质浓度减少、毒性降低或无害化的微生物接种剂。

8.2 生物有机肥

◆**定义**　指特定功能微生物与主要以动植物残体（如畜禽粪便、农作物秸秆等）为来源并经无害化处理、腐熟的有机物料复合而成的一类兼具微生物肥料和有机肥效应的肥料。

◆**物理化学特征**　产品为粉状或颗粒，颜色为黑褐色至黑色，无恶臭，无明显机械杂质（图 8-3），使用的微生物安全、有效，且有明确来源和种名，微生物有效活菌数≥ 0.20 亿 /g，有机质≥ 40.0%，水分≤ 30.0%，水分低，不沾手，pH 5.5 ～ 8.5。

图 8-3　生物有机肥产品

◆**产品特点** 应用于农业生产，可以减少磷的固定，促进难溶性矿质营养释放，培肥地力，使疏松的土壤单粒胶结成土壤团聚体，降低土壤容重、增加土壤孔隙度，可以提高植株氮磷利用率，改善果实品质。

技术指标见表 8–2，包装标识见图 8–4。

表 8–2 生物有机肥产品技术指标

项目		技术指标
有效活菌数（CFU）/（亿/g）	⩾	0.20
有机质（以干基计）/%	⩾	40.0
水分/%	⩽	30.0
pH		5.5 ～ 8.5
粪大肠菌群数/（/g）	⩽	100
蛔虫卵死亡率/%	⩾	95
有效期/月	⩾	6
总砷（As）（以干基计）/（mg/kg）	⩽	15
总镉（Cd）（以干基计）/（mg/kg）	⩽	3
总铅（Pb）（以干基计）/（mg/kg）	⩽	50
总铬（Cr）（以干基计）/（mg/kg）	⩽	150
总汞（Hg）（以干基计）/（mg/kg）	⩽	2

来源：《生物有机肥》（NY 884—2012）

◆**简单识别方法**

（1）发芽实验，种子 70% 发芽即为物料完全腐熟（图 8–5）。

（2）将物料放在密封袋内，室内放置 3 ～ 4 d，若密封袋膨胀则未腐熟，反之为腐熟。

（3）将物料放入容器中加水溶解，颜色深则腐熟较好，反之则腐熟不完全。

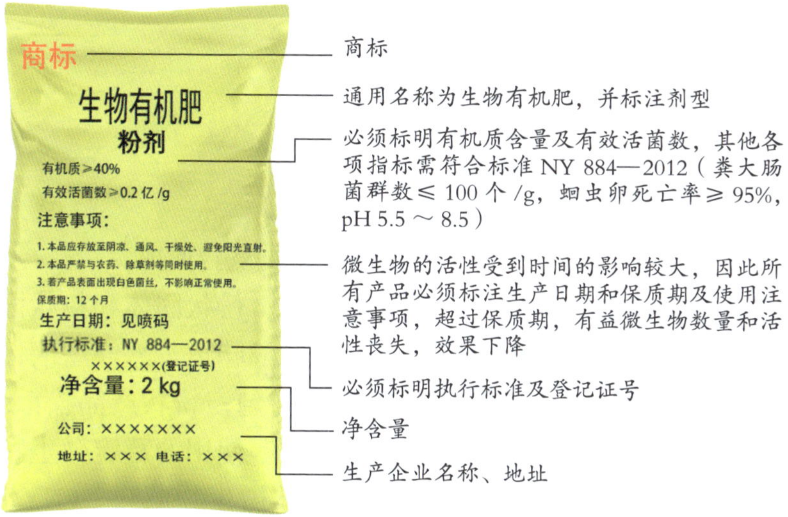

图 8-4　生物有机肥产品包装标识及说明

图 8-5　生物有机肥简单识别发芽实验

8.3 复合微生物肥料

◆**定义** 指特定微生物与营养物质复合而成。

◆**物理化学特征** 产品分为液体、粉状固体和粒状固体，颜色为黑褐色至黑色，微生物发酵味道。悬浮型液体产品无大量沉淀，沉淀轻摇后分散均匀；粉状产品松散，粒状产品无明显机械杂质、大小均匀。使用的特定微生物安全、有效，且活菌数量达到《复合微生物肥料》（NY/T 798—2015）标准要求。

◆**产品特点** 应用于农业生产，能提供、保持或改善植物营养，提高农产品产量或改善农产品品质。

技术指标见表 8-3，包装标识见图 8-6。

表 8-3 复合微生物肥料产品标准技术指标

项目	剂型	
	液体	固体
有机质（以干基计）/%	—	≥ 20.0
总养分（$N+P_2O_5+N_2O$）/%	6.0 ～ 20.0	8.0 ～ 25.0
水分的质量分数 /%	—	≤ 30
有效活菌数（CFU）/（亿 /g）	≥ 0.50	≥ 0.20
pH	5.5 ～ 8.5	5.5 ～ 8.5
总砷（As）（以干基计）/（mg/kg）	≤ 15	
总汞（Hg）（以干基计）/（mg/kg）	≤ 2	
总铅（Pb）（以干基计）/（mg/kg）	≤ 50	

续表 8-3

项目	剂型	
	液体	固体
总镉（Cd）（以干基计）/（mg/kg）	≤ 3	
总铬（Cr）（以干基计）/（mg/kg）	≤ 150	
蛔虫卵死亡率 /%	≥ 95	
粪大肠菌群数 / [个 /（g 或 mL）]	≤ 100	
杂菌率 /%	≤ 15.0	≤ 30.0
有效期 / 月	≥ 3	≥ 6

来源：《复合微生物肥料》（NY/T 798—2015）

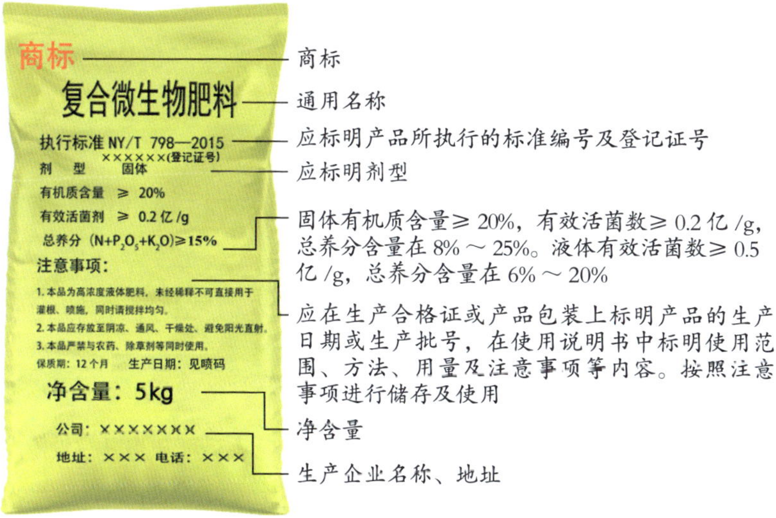

图 8-6　复合微生物肥料产品包装标识及说明加剂型、适宜范围、限用范围

使用的微生物菌种应安全、有效，且具有特定功能，目前市场上常见的微生物菌种及其作用如下：

◆**枯草芽孢杆菌** 增加作物抗逆性、固氮。

◆**巨大芽孢杆菌** 解磷（磷细菌），具有很好的降解土壤中有机磷的功效。

◆**胶冻样芽孢杆菌** 解钾，释放出可溶磷、钾元素及钙、硫、镁、铁、锌、钼、锰等中微量元素。

◆**地衣芽孢杆菌** 抗病、杀灭有害菌。

◆**苏云金芽孢杆菌** 杀虫（包括根结线虫），对鳞翅目等节肢动物有特异性的毒杀活性。

◆**侧孢芽孢杆菌** 促根、杀菌及降解重金属。

◆**胶质芽孢杆菌** 有溶磷、释钾和固氮功能，分泌多种酶，增强作物对一些病害的抵抗力。

◆**光合菌群** 是肥沃土壤和促进动植物生长的主力部队。

◆**凝结芽孢杆菌** 可降低环境中的氨气、硫化氢等有害气体，提高果实中氨基酸的含量。

◆**米曲霉** 能使秸秆中的有机质成为植物生长所需的营养，提高土壤有机质，改善土壤结构。

◆**淡紫拟青霉** 对多种线虫都有防治效能，是防治根结线虫最有前途的生防制剂。

注意事项：

（1）选用微生物肥料，除了遵循购买放心肥的原则外，考虑到微生物产品的特殊性，使用者还可要求生产者提供菌种的分类鉴定报告，包括属及种的学名、形态、生理生化特性及鉴定依据，以及菌种安全性评价资料。采用生物工程菌，应具有获准允许大面积释放的生物安全性有关批文。

（2）对于微生物肥料产品的特定功能需求，可以对比市场常见菌种及其作用，选用能够满足特定功能的产品。

（3）由于微生物肥料是活体制品，产品存放及使用时应严格按照产品的注意事项，避免产品失活无效。

9 有机肥料产品选购指南

有机肥料是一种源自天然的生物材料，经过分解和降解产生的肥料，用于改善土壤结构、提供植物所需的养分，促进植物生长和增加土壤肥力。有机肥料通常包含来自动植物、微生物和有机废弃物的有机物质，如堆肥、腐熟的动物粪便、腐殖质等。

9.1 商品有机肥料

◆**定义** 主要来源于植物和（或）动物，经过发酵腐熟的含碳有机物料。有机肥料原料复杂多样，包括秸秆、豆粕、棉粕等种植业废弃物，鸡粪、牛羊马粪、兔粪等养殖业废弃物，酒糟、醋糟、木薯渣、糖渣、糠醛渣等加工业废弃物等。

◆**物理化学特征** 外观颜色为褐色或灰褐色，粒状或粉状（图9–1），粒径1～3.75 mm。均匀，无恶臭，无石头、玻璃、塑料等机械杂质，有机质含量（以干基计）≥ 30%，总养分≥ 4.0%，水分（鲜样）≤ 30%，pH 5.5 ～ 8.5。

◆**产品特点** 应用于农业生产，促进土壤团粒结构形成，降低容重，提高土壤通透性，协调水、气矛盾，提高土壤缓冲性，可以提高养分有效性，提高植株氮磷利用率，改善土壤肥力，提供植物营养，提高作物品质。

◆**适用作物及用法** 自制有机肥必须充分堆沤、发酵腐熟后再施用。植物病残体不能直接还田当作有机肥，避免造成病虫蔓延或土壤污染。

腐熟的有机肥不能与碱性肥料配合施用，避免因与碱性肥料造成氨的挥发，降低有机肥养分含量，也不宜与硝态氮混用。

选用商品有机肥需谨慎。目前市场上商品有机肥质量良莠不齐，购买时应先弄清原料来源。有些企业采用粉煤灰、药渣等为原料，其中含有重金属，且未经高温或无害化处理，该类产品不能买。购买后可先进行小面积试验示范，如成功再大面积推广。

有机肥不能替代化肥。需要有机肥与化肥合理搭配施用，才能满足作物需肥量。

图 9-1　商品有机肥料产品

技术指标见表 9-1，包装标识见图 9-2。

表 9-1　商品有机肥料产品技术指标

项目	指标
有机质的质量分数（以干基计）/%	≥ 30
总养分（$N+P_2O_5+K_2O$）的质量分数（以干基计）/%	≥ 4.0
水分（鲜样）的质量分数 /%	≤ 30
酸碱度（pH）	5.5 ～ 8.5
种子发芽指数（GI）/%	≥ 70
机械杂质的质量分数 /%	≤ 0.5

续表 9-1

项目	指标
总砷（As）（以干基计）/（mg/kg）	≤ 15
总汞（Hg）（以干基计）/（mg/kg）	≤ 2
总铅（Pb）（以干基计）/（mg/kg）	≤ 50
总镉（Cd）（以干基计）/（mg/kg）	≤ 3
总铬（Cr）（以干基计）/（mg/kg）	≤ 150
粪大肠菌群数 /（/g）	≤ 100
蛔虫卵死亡率 /%	≥ 95

来源：《有机肥料》（NY/T 525—2021）

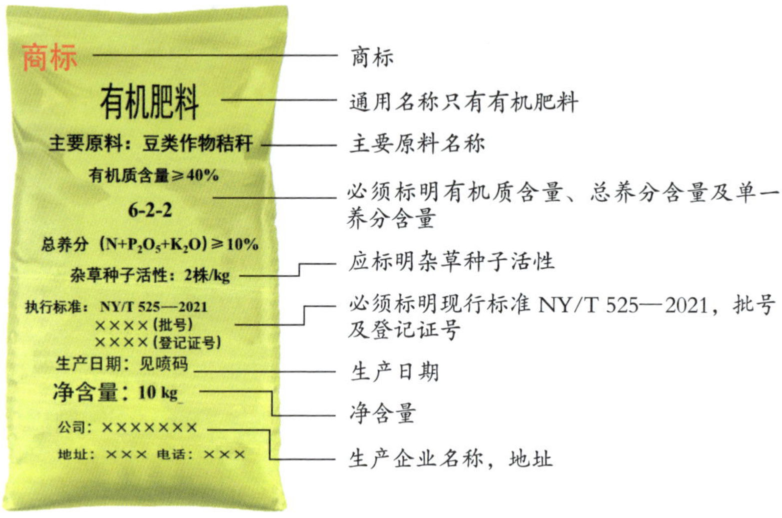

图 9-2　商品有机肥料产品包装标识及说明加剂型、适宜范围、限用范围

◆简单识别方法

一看：看有机肥料外观颜色，物理方法干燥的有机肥料，仍保持原粪便的颜色，只是水分减少，通过堆肥技术

处理的有机肥料腐熟后颜色变为褐色或灰褐色，在成品中没有其他杂质。

二闻：优质有机肥是发酵好的肥料，没有臭味、腐败味，拥有一定的泥土清香。如果其拥有恶臭味，说明其没有发酵完全。

三摸：用手抓一把优质有机肥料，其手感一致，湿时柔软有弹性，干时很脆，容易破碎，劣质有机肥料用手可以摸到杂质，特别是沙子。

四水泡：拿两杯清水，分别放入一些优质和低劣有机肥料，几分钟就可分辨出真伪。有机肥料掺假一般是加入沙子或土来增加重量。优质有机肥料在水中分布均匀，而放入劣质有机肥料的杯底沉淀很多沙子或土，二者区别明显。

9.2 有机无机复混肥料

◆定义　粪便、草炭等有机物料通过微生物发酵进行无害化和有效化处理，并添加适量化肥、腐植酸、氨基酸或有益微生物菌，经过造粒或直接掺混而制得。

◆物理化学特征　颜色为褐色或灰褐色（图 9-3），褐色颗粒状或条状粒径为 1.00 ～ 4.75 mm 或 3.35 ～ 5.60 mm，pH 为 5.5 ～ 8.5，水分 ≤ 12.0% 或 10.0%。可以改善土壤理化性状，降低土壤 pH 和容重，提高土壤孔隙度。

◆产品特点　应用于农业生产，可以增强土壤中微生物活性，活化土壤中养分，为植物提供有机营养，提高植株氮磷钾利用率，提高作物品质。

图 9-3　有机无机复混肥料

技术指标见表 9-2，包装标识见图 9-4。

表 9-2　有机无机复混肥料产品标准技术指标

项目			指标		
			Ⅰ型	Ⅱ型	Ⅲ型
有机质的质量分数 /%		≥	20	15	10
总养分（$N+P_2O_5+K_2O$）的质量分数[a] /%		≥	15.0	25.0	35.0
水分（H_2O）的质量分数[b] /%		≤	12.0	12.0	10.0
酸碱度（pH）			5.5 ～ 8.5		5.0 ～ 8.5
粒度（1.00 ～ 4.75 mm 或 3.35 ～ 5.60 mm）[c] /%		≥	70		
蛔虫卵死亡率 /%		≥	95		
粪大肠菌群数 /（个 /g）		≤	100		
氯离子的质量分数[d] /%	未标“含氯”产品	≤	3.0		
	标识“含氯（低氯）”产品	≤	15.0		
	标识“含氯（中氯）”产品	≤	30.0		
砷及其化合物的质量分数（以 As 计）/（mg/kg）		≤	50		
镉及其化合物的质量分数（以 Cd 计）/（mg/kg）		≤	10		

续表 9–2

项目		指标		
		Ⅰ型	Ⅱ型	Ⅲ型
铅及其化合物的质量分数（以 Pb 计）/（mg/kg）	≤	150		
铬及其化合物的质量分数（以 Cr 计）/（mg/kg）	≤	500		
汞及其化合物的质量分数（以 Hg 计）/（mg/kg）	≤	5		
钠离子含量 /%	≤	3.0		
缩二脲 /%	≤	0.8		

[a] 标明的单一养分含量不得低于 3.0%，且单一养分测定值与标明值负偏差的绝对值不得大于 1.5%。

[b] 水分以出厂检验数据为准。

[c] 指出厂检测数据，当用户对粒度有特殊要求时，可有供需双方协议确定。

[d] 氯离子的质量分数大于 30.0% 的产品，应在包装袋上标明“含氯（高氯）”，标识“含氯（高氯）”的产品氯离子的质量分数不做检验和判定。

来源：《有机无机复混肥料》（GB/T 18877—2020）

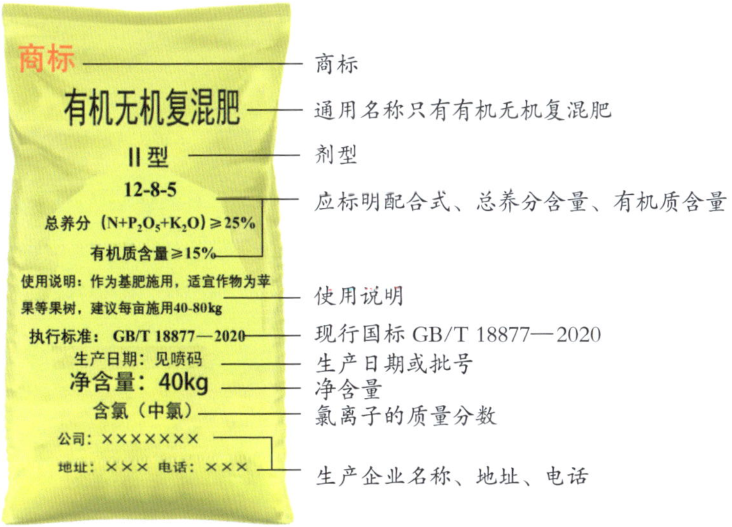

图 9–4　有机无机复混肥产品包装标识及说明

10 土壤调理剂产品选购指南

土壤调理剂是一类用于改善土壤物理性能、改良土壤结构、调节土壤 pH、增加土壤肥力等目的的物质。这些物质通常被添加到土壤中，以促进土壤的健康和植物的生长。土壤调理剂的使用可以改善土壤水分状况，降低土壤盐碱危害，修复污染土壤。

10.1 酸性土壤调理剂

◆来源　以酸性或弱酸性，且至少含有一种或多种植物营养元素的一种或多种物质为原料制成的用于碱性土壤的土壤调理剂。

◆物理化学特征　外观有色粉状或颗粒状，无可见机械杂质。

技术指标见表 10-1，包装标识见图 10-1。

表 10-1　酸性土壤调理剂产品标准技术指标

项目		指标				
		Ⅰ型	Ⅱ型	Ⅲ型	Ⅳ型	Ⅴ型
氮、磷、钾总养分（$N+P_2O_5+K_2O$）的质量分数 /%	≥	5.0	10.0	15.0	20.0	25.0
钙、镁、硫、可溶性硅（以 $Ca+Mg+S+SiO_2$ 计）的质量分数 /%	≥	15.0	20.0	25.0	30.0	25.0
有机质的质量分数（以干基计）/%	≥	30.0	20.0	10.0	—	—
砷（以 As 计）/%	≤	0.0050	0.0050	0.0050	0.0050	0.0050
镉（以 Cd 计）/%	≤	0.0010	0.0010	0.0010	0.0010	0.0010
铅（以 Pb 计）/%	≤	0.0020	0.0020	0.0020	0.0020	0.0020
铬（以 Cr 计）/%	≤	0.0050	0.0050	0.0050	0.0050	0.0050
汞（以 Hg 计）/%	≤	0.0005	0.0005	0.0005	0.0005	0.0005
水分 /%	≤	10.0	10.0	10.0	10.0	10.0
粒度（2.36 ～ 6.70 mm）/%	≥	90	90	90	90	90
颗粒平均抗压碎力 /N	≥	8.0	8.0	8.0	8.0	8.0

续表 10-1

项目	指标				
	Ⅰ型	Ⅱ型	Ⅲ型	Ⅳ型	Ⅴ型
pH	3～6	3～6	3～6	3～6	3～6
1. 氮、磷、钾单一元素含量应不低于 2%。 2. 钙、镁、硫、硅单一元素含量应不低于 2%。 3. As、Cd、Pb、Cr、Hg 为形式检验项目。 4. 粉状产品的粒度和颗粒平均抗压碎力指标不做要求。					

来源：《土壤调理剂　酸性》（T/HNPCIA 12—2019）

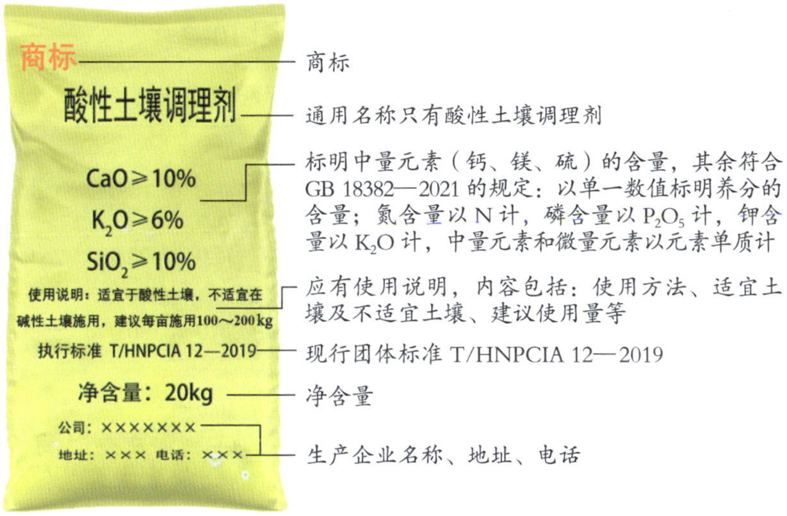

图 10-1　酸性土壤调理剂产品包装标识及说明

10.2 碱性土壤调理剂

◆**来源** 以碱性或弱碱性，且至少含有一种或多种植物营养元素的一种或多种物质为原料制成的用于酸性土壤的土壤调理剂。

◆**物理化学特征** 颗粒状或有色粉状，无可见机械杂质。技术指标见表 10–2，包装标识见图 10–2。

表 10–2 碱性土壤调理剂产品标准技术指标

项目		指标				
		Ⅰ型	Ⅱ型	Ⅲ型	Ⅳ型	Ⅴ型
氮、磷、钾总养分（$N+P_2O_5+K_2O$）的质量分数 /%	≥	5.0	10.0	15.0	20.0	25.0
钙、镁、硫、可溶性硅（以 $Ca+Mg+S+SiO_2$ 计）的质量分数 /%	≥	15.0	20.0	25.0	30.0	25.0
有机质的质量分数（以干基计）/%	≥	30.0	20.0	10.0	—	—
砷（As）（以干基计）/%	≤	0.0050	0.0050	0.0050	0.0050	0.0050
镉（Cd）（以干基计）/%	≤	0.0010	0.0010	0.0010	0.0010	0.0010
铅（Pb）（以干基计）/%	≤	0.0020	0.0020	0.0020	0.0020	0.0020
铬（Cr）（以干基计）/%	≤	0.0050	0.0050	0.0050	0.0050	0.0050
汞（Hg）（以干基计）/%	≤	0.0005	0.0005	0.0005	0.0005	0.0005
水分 /%	≤	10.0	10.0	10.0	10.0	10.0
粒度（2.36 ~ 6.70 mm）/%	≥	90	90	90	90	90
颗粒平均抗压碎力 /N	≥	8.0	8.0	8.0	8.0	8.0

续表 10-2

项目	指标				
	Ⅰ型	Ⅱ型	Ⅲ型	Ⅳ型	Ⅴ型
pH	8～11	8～11	8～11	8～11	8～11
1. 氮、磷、钾单一元素含量应不低于 2%。 2. 钙、镁、硫、硅单一元素含量应不低于 2%。 3.As、Cd、Pb、Cr、Hg 为形式检验项目。 4. 粉状产品的粒度和颗粒平均抗压碎力指标不做要求。					

来源：《土壤调理剂　碱性》（T/HNPCIA 11—2019）

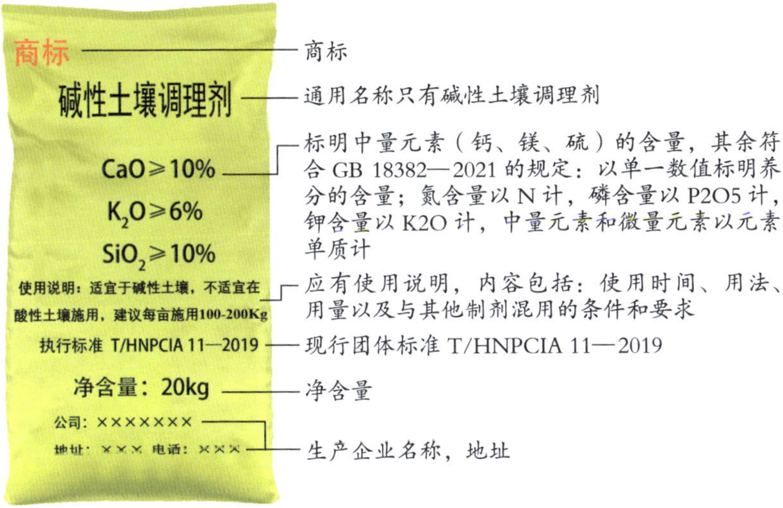

图 10-2　碱性土壤调理剂产品包装标识及说明

11 常见制假造假行为

近些年随着市场监管部门的努力，造假肥料产品逐渐减少，但是不可避免还会存在一些假冒伪劣产品，本章总结了常见的造假行为以供消费者鉴别。

11.1 假冒商标，臆造新养分，含量标识造假

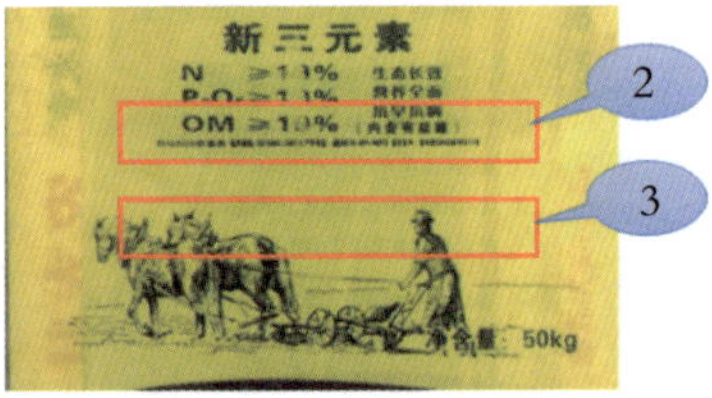

1. 商标假冒——冒充中农控股公司。

2. 技术指标造假——臆造新养分OM，复混肥料只有氮、磷、钾三个养分为有效养分。

3. 执行标准——无执行标准GB/T 15063—2009，也无生产许可证以及肥料登记证信息，属于“三无”产品。

11.2 编造权威机构推荐

1. 编造权威机构推荐——“中央电视台上榜品牌”也属伪造，央视曾声明从未颁发过类似称号。这是利用消费者崇信权威的心理，或编造权威机构认证、推荐，或未经权威机构核准而“自我认定”。

2. 技术指标——养分等字样明显属后期喷印上的。

11.3 通用名称不规范，虚假宣传

1. 通用名称不规范——复合含硫氮肥是不规范的通用名称，此产品应为氮肥，氮（N）含量≥ 18.5%。

11.4 养分造假

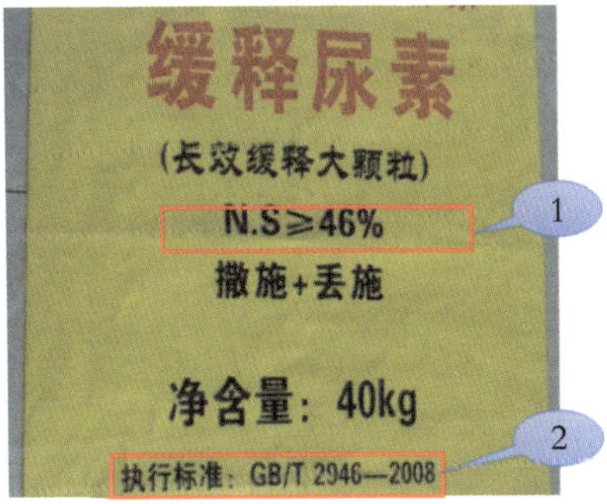

1. 技术指标造假——没有N.S这个养分，若分开看，S不能算在总养分中。尿素中氮（N）含量应≥ 46%。
2. 执行标准——GB/T 2946—2008是氯化铵的标准，既不是尿素的也不缓释尿素的。

11.5 执行标准与肥料名称不符

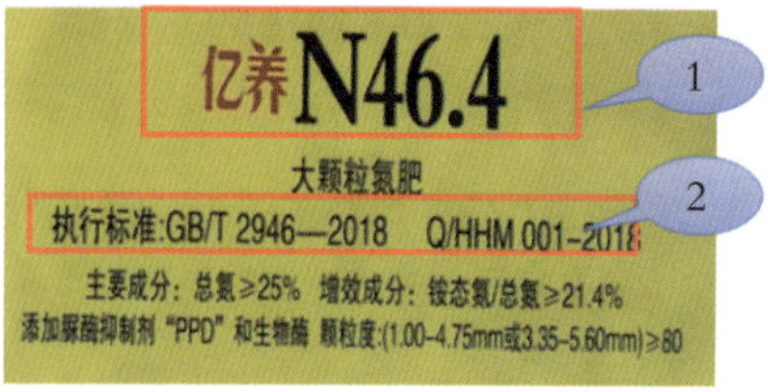

1. 通用名称——肥料名称不符合规定，没有大颗粒氮肥这个名称。
2. 执行标准——GB/T 2946—2008是氯化铵的产品执行标准，不是尿素的，与名称不符。

11.6 随意编造标准

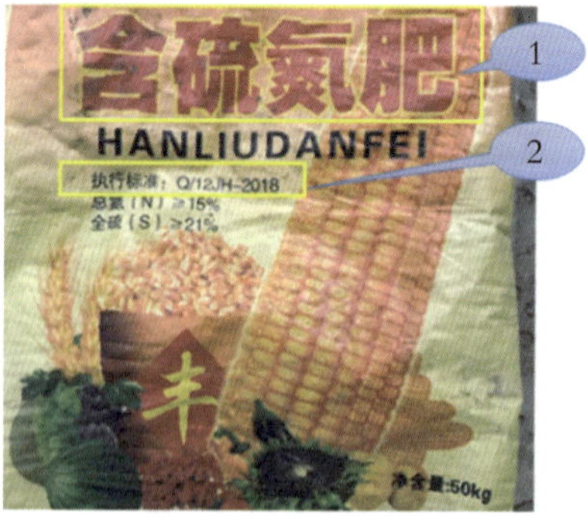

1. 通用名称——肥料名称不符合规定，没有含硫氮肥这个名称。
2. 执行标准——此处标识的标准为Q/12JH—2018，一看好像是企业标准，通过“全国农业食品标准公共服务平台”查询这个标准，发现并不存在，属于随意编造标准。

11.7 冒充进口

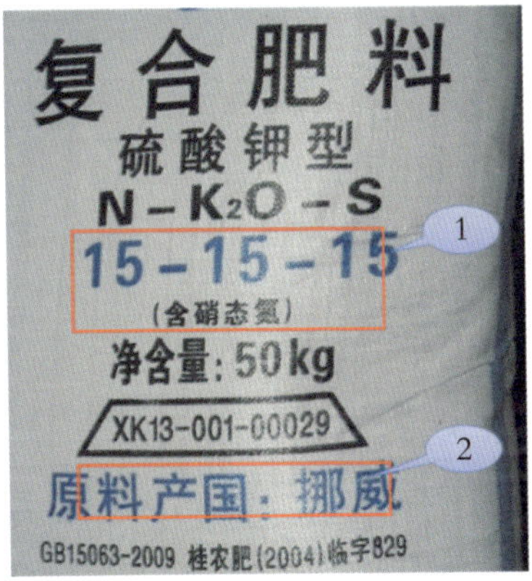

1. 技术指标造假——含硫氮肥并非硫酸钾复合肥。

2. 执行标准——此处标识的是复合肥国家标准 GB 15063—2009，却标称原料生产国为挪威，按规定是不用标识“原料产地”的，这样做无非是想打“擦边球”，误导农民以为是进口复合肥。

注意：假冒进口的肥料有假冒商标、假冒原产国、号称总部在国外的企业、假冒生产商、假冒国外技术、标称原料生产国或来源 6 种情况。识别时首先要认清国外企业的商标，还需要标注生产商（外国生产者公司名称，如意大利·穆伽罗（MUGAVERO）公司等），不需标识“执行中国 GB 15063 标准”及“进出口企业码”等内容。真正的进口肥料一般不在包装上标识“某某国技术”。

附录 常用肥料产品标准名单

标准类型	序号	标准号		通用名称
国家标准	1	GB	20287—2006	农用微生物菌剂
	2	GB	20413—2017	过磷酸钙
	3	GB/T	37918—2019	肥料级氯化钾
	4	GB/T	10205—2009	磷酸一铵、磷酸二铵
	5	GB/T	10510—2023	硝酸磷肥、硝酸磷钾肥
	6	GB/T	15063—2020	复合肥料
	7	GB/T	17419—2018	含有机质叶面肥料
	8	GB/T	17420—2020	微量元素叶面肥料
	9	GB/T	18877—2020	有机无机复混肥料
	10	GB/T	20406—2017	农业用硫酸钾
	11	GB/T	20412—2021	钙镁磷肥
	12	GB/T	20782—2006	农业用含磷型防爆硝酸铵
	13	GB/T	21633—2020	掺混肥料（BB 肥）
	14	GB/T	21634—2020	重过磷酸钙
	15	GB/T	23348—2009	缓释肥料
	16	GB/T	2440—2017	尿素
	17	GB/T	26568—2011	农业用硫酸镁
	18	GB/T	29401—2020	硫包衣尿素
	19	GB/T	2945—2017	硝酸铵
	20	GB/T	2946—2018	氯化铵
	21	GB/T	33804—2017	农业用腐殖酸钾
	22	GB/T	34319—2017	硼镁肥料
	23	GB/T	34763—2017	脲醛缓释肥料
	24	GB/T	35113—2017	稳定性肥料
	25	GB/T	535—2020	肥料级硫酸铵

续表

标准类型	序号	标准号		通用名称
国家标准	26	GB/T	20784—2018	农业用硝酸钾
	27	GB/T	20937—2018	硫酸钾镁肥
	28	GB/T	3559—2001	农业用碳酸氢铵
	29	GB/T	36207—2018	硅钙钾镁肥
	30	GB/T	33891—2017	绿化用有机基质
	31	GB/T	30393—2013	制取沼气秸秆预处理复合菌剂
	32	GB/T	536—2017	液体无水氨
化工行业标准	1	HG/T	2321—2016	肥料级磷酸二氢钾
	2	HG/T	2427—2021	肥料级氰氨化钙
	3	HG/T	2598—1994	钙镁磷钾肥
	4	HG/T	3275—1999	肥料级磷酸氢钙
	5	HG/T	3277—2000	农业用硫酸锌
	6	HG/T	3278—2018	腐植酸钠
	7	HG/T	3790—2016	农业用硝酸铵钙
	8	HG/T	3826—2006	肥料级商品磷酸
	9	HG/T	3931—2007	缓控释肥料
	10	HG/T	4214—2011	脲铵氮肥
	11	HG/T	4215—2011	控释肥料
	12	HG/T	4217—2011	无机包裹型复混肥料（复合肥料）
	13	HG/T	4219—2011	磷石膏土壤调理剂
	14	HG/T	4365—2012	水溶性肥料
	15	HG/T	4580—2013	农业用硝酸钙
	16	HG/T	4848—2016	尿素－硝铵溶液
	17	HG/T	4851—2016	硝基复合肥料
	18	HG/T	4852—2016	农业用硝酸铵钾
	19	HG/T	5045—2016	含腐植酸尿素
	20	HG/T	5046—2016	腐植酸复合肥料
	21	HG/T	5048—2016	水溶性磷酸一铵

续表

标准类型	序号	标准号		通用名称
化工行业标准	22	HG/T	5049—2016	含海藻酸尿素
	23	HG/T	5050—2016	海藻酸类肥料
	24	HG/T	5331—2018	含螯合微量元素复混肥料（复合肥料）
	25	HG/T	5332—2018	腐植酸生物有机肥
	26	HG/T	5333—2018	腐植酸微量元素肥料
	27	HG/T	5334—2018	黄腐酸钾
	28	HG/T	5514—2019	含腐植酸磷酸一铵、磷酸二铵
	29	HG/T	5515—2019	含海藻酸磷酸一铵、磷酸二铵
	30	HG/T	5516—2019	含硫酸脲复合肥料
	31	HG/T	5517—2019	聚合物包膜尿素
	32	HG/T	5519—2019	含肥效保持剂肥料
	33	HG/T	5604—2019	硝基腐植酸
	34	HG/T	3733—2004	氨化硝酸钙
	35	HG/T	4218—2011	改性碳酸氢铵颗粒肥
	36	HG/T	4523—2013	硝酸铵溶液
	37	HG/T	5518—2019	聚合物硫包衣尿素
	38	HG/T	5602—2019	矿物源腐植酸有机肥料
	39	HG/T	2274—1995	钙镁磷肥用硅镁质半自熔性磷矿石
	40	HG/T	2675—1995	钙镁磷肥用磷矿石
	41	HG/T	3787—2005	工业硝酸钙
	42	HG/T	4136—2010	高尔夫球场草坪专用肥和土壤调理剂
	43	HG/T	4138—2010	稳定性同位素 13C- 尿素
	44	HG/T	5171—2017	粒状中微量元素肥料
	45	HG/T	5520—2019	化肥防结块剂
	46	HG/T	5771—2020	肥料生产用硫酸
	47	HG/T	5782—2020	腐植酸土壤调理剂
	48	HG/T	5931—2021	肥料增效剂　腐植酸

续表

标准类型	序号	标准号		通用名称
化工行业标准	49	HG/T	5932—2021	肥料增效剂 海藻酸
	50	HG/T	5933—2021	腐植酸有机无机复混肥料
	51	HG/T	5934—2021	黄腐酸中量元素肥料
	52	HG/T	5935—2021	黄腐酸微量元素肥料
	53	HG/T	5939—2021	肥料级聚磷酸铵
	54	HG/T	6079—2022	腐植酸中量元素肥料
	55	HG/T	6082—2022	生物质腐植酸有机肥料
农业行业标准	1	NY	1106—2010	含腐植酸水溶肥料
	2	NY	1428—2010	微量元素水溶肥料
	3	NY	1429—2010	含氨基酸水溶肥料
	4	NY	2266—2012	中量元素水溶肥料
	5	NY	410—2000	根瘤菌肥料
	6	NY	411—2000	固氮菌肥料
	7	NY	412—2000	磷细菌肥料
	8	NY	413—2000	硅酸盐细菌肥料
	9	NY	527—2002	光合细菌菌剂
	10	NY	609—2002	有机物料腐熟剂
	11	NY	882—2004	硅酸盐细菌菌种
	12	NY	884—2012	生物有机肥
	13	NY	334—1998	增产菌粉剂
	14	NY/T	2269—2020	农业用硝酸铵钙及使用规程
	15	NY/T	1107—2020	大量元素水溶肥料
	16	NY/T	2268—2020	农业用改性硝酸铵及使用规程
	4	NY/T	2670—2020	尿素硝酸铵溶液及使用规程
	5	NY/T	525—2021	有机肥料
	6	NY/T	526—2002	水稻苗床调理剂
	7	NY/T	1111—2006	农业用硫酸锰
	8	NY/T	1112—2006	配方肥料

续表

标准类型	序号	标准号		通用名称
农业行业标准	9	NY/T	2596—2022	沼肥
	10	NY/T	3041—2016	生物炭基肥料
	11	NY/T	3083—2017	农用微生物浓缩制剂
	12	NY/T	3618—2020	生物炭基有机肥料
	13	NY/T	797—2004	硅肥
	14	NY/T	798—2015	复合微生物肥料
	15	NY/T	886—2016	农林保水剂
	16	NY/T	2267—2016	缓释肥料　通用要求
	17	NY/T	3034—2016	土壤调理剂　通用要求
	18	NY/T	3504—2019	肥料增效剂　硝化抑制剂及使用规程
	19	NY/T	3505—2019	肥料增效剂　脲酶抑制剂及使用规程
	20	NY/T	3589—2020	颗粒状药肥技术规范
	22	NY/T	3829—2021	含硅水溶肥料
	23	NY/T	3830—2021	非水溶中量元素肥料
	24	NY/T	3831—2021	有机水溶肥料　通用要求
轻工行业标准	1	QB/T	2849—2007	生物发酵肥
国内贸易行业标准	1	SB/T	10999—2013	蚕沙肥料

提示：清单中标准可能出现更新修订，请关注国家标准化管理委员会（www.sac.gov.cn）、农业农村部（www.moa.gov.cn）或工业和信息化部（www.miit.gov.cn）等管理部门网站最新发布的技术标准！